致密储层油水两相渗流
试井分析方法

李蒙蒙　著

中国石化出版社

图书在版编目(CIP)数据

致密储层油水两相渗流试井分析方法 / 李蒙蒙著 . —北京：中国石化出版社，2022.6
ISBN 978 - 7 - 5114 - 6734 - 8

Ⅰ . ①致… Ⅱ.①李… Ⅲ.①致密砂岩 - 砂岩储集层 - 气井试井 - 分析方法 Ⅳ.①TE373

中国版本图书馆 CIP 数据核字(2022)第 089961 号

中国石化出版社出版发行
地址:北京市东城区安定门外大街 58 号
邮编:100011　电话:(010)57512500
发行部电话:(010)57512575
http://www.sinopec-press.com
E-mail:press@ sinopec.com
北京柏力行彩印有限公司印刷
全国各地新华书店经销
*
710×1000 毫米 16 开本 8.5 印张 154 千字
2022 年 6 月第 1 版　2022 年 6 月第 1 次印刷
定价:58.00 元

前　　言

近年来，随着我国致密油藏探明储量的不断增加，人们对致密油藏的勘探开发也更加关注。我国致密油藏资源丰富，主要分布在鄂尔多斯盆地、松辽盆地、四川盆地、准噶尔盆地和渤海湾盆地等，具有较为广阔的勘探开发前景。但致密油藏孔隙结构复杂，储层物性条件差，单井产能低，需要采用试井分析技术进行油藏描述，对生产动态进行监测调整，为合理开发致密油藏提供科学依据。试井分析技术利用压力、产量等动态数据来计算地层和井筒的动态信息，包括原始油藏压力、平均地层压力、储层有效渗透率及井筒表皮污染和井筒储集效应等，为油气井增产措施评估及确定储层产能状况提供重要参考依据。目前，大部分致密油藏开发已经进入中高含水期，油藏中流体的流动已经从单相流变为油水两相流动状态，用单相流的试井数学模型对地层中油水两相渗流所测得的试井数据进行解释，解释结果反映的储层和流体物性参数与实际油藏流体物性参数存在偏差。对于注水开发油藏，地层中的流体由于水的注入而由单相渗流变为油水两相渗流状态。此时，注水井所测得的试井数据如果用单相流试井数学模型进行解释，得到的解释结果会与实际储层和流体特性参数存在偏差。因此，进行油水两相渗流的试井分析是现代试井分析理论发展的一个重要方向。

本书以油水两相渗流理论、现代试井分析方法、岩石物理学、数学物理方法等多学科为基础，系统地介绍了油水两相渗流试井分析的基本概念和基础理论，以及裂缝性油藏注水井、常规压裂水平井、体积压裂水平井、裂缝性油藏体积压裂水平井的油水两相渗流试井分析方法。本书的编写内容主要来自笔者及研究小组合作者的研究成果，部分内容参考了近年来国内外专家公开出版或发表的相关研究成果，并得到了西安石油大学石油工程学院的大力支持。本书的出版得到了"西安石油大学优秀学术著作出版基金"资助。此外，石油工程学院各位前辈和同仁也对本书的完善提出了许多宝贵意见，在此一并表示衷心的感谢。

　　由于编者水平有限，本书还存在许多缺点和不足，敬请读者提出宝贵意见和建议。

目　　录

第1章 试井分析基本概念

试井是为获取井或地层的参数将压力计下入到井下测量压力(流量)随时间的变化过程。试井分析是对所测取的压力(产量)资料进行分析，评价地层或井参数的方法。试井分析技术是油气渗流理论在油气田开发中的实际应用，是油藏工程的一个重要分支。

第1节 储层参数

一、孔隙度

储层岩石的孔隙度是指岩石孔隙体积与其外表体积的比值，用公式表示为：

$$\Phi = \frac{V_p}{V_f} = \frac{V_f - V_s}{V_f} \qquad (1-1)$$

式中，岩石的外表体积 V_f 可以分解成骨架体积 V_s 和孔隙体积 V_p。

孔隙度 Φ 是无因次量，用百分数或小数表示。孔隙度是度量岩石储集能力大小的参数。孔隙度越大，单位体积岩石所能容纳的流体越多，岩石的储集性能越好。

储层岩石的孔隙多数是连通的，也有不连通的。根据岩石的孔隙是否连通和在一定压差下流体能否在其中流动，岩石的孔隙度分为绝对孔隙度、有效孔隙度和流动孔隙度。

1. 绝对孔隙度

绝对孔隙度 Φ_a 是指岩石的总孔隙体积(包括连通的和不连通的)或绝对孔隙体积 V_{ap} 与岩石外表体积 V_f 的比值，用公式表示为：

$$\Phi_a = \frac{V_{ap}}{V_f} \qquad (1-2)$$

2. 有效孔隙度

有效孔隙度 Φ_e 是指岩石在一定压差作用下，被油、气、水饱和且连通的孔隙体积 V_{ep} 与岩石外表体积 V_f 的比值，用公式表示为：

$$\Phi_e = \frac{V_{ep}}{V_f} \qquad (1-3)$$

3. 流动孔隙度

流动孔隙度 Φ_l 是指在一定的压差作用下，饱和于岩石孔隙中的流体流动时，与可动流体体积相当的那部分孔隙体积 V_{lp} 与岩石外表体积 V_f 的比值，用公式表示为：

$$\Phi_l = \frac{V_{lp}}{V_f} \qquad (1-4)$$

岩石流动孔隙度与作用压差的大小有关，压差越大，岩石孔隙中参与流动的流体体积越大，流动孔隙度越大。石油企业广泛采用的测定孔隙度的方法，如饱和流体法和气体膨胀法，均是测定岩石的有效孔隙度。

在一般情况下，砂岩的孔隙度为 10% ~ 40%；碳酸盐岩孔隙度为 5% ~ 25%；页岩的孔隙度为 20% ~ 45%。通常可按孔隙度值划分或评价储层储集性能的优劣，表 1-1 是常用的评价标准。

表 1-1　储层岩石孔隙度评价表

孔隙度/%	<5	5 ~ 10	10 ~ 15	15 ~ 20	>20
储层评价	极差	差	一般	好	特好

二、渗透率

渗透率是流体通过多孔介质能力的量度，它是多孔介质的重要参数。渗透率通常定义为单位时间内，在单位压力梯度下，黏度为 1 个单位的流体通过多孔介质单位横截面积的体积流量。渗透率一般通过达西实验进行测定，达西定律的通用形式为：

$$Q = \frac{KA(p_{r1} - p_{r2})}{\mu L} \qquad (1-5)$$

式中，K 为岩石的渗透率，μm^2；μ 为流体的黏度，$mPa \cdot s$；p_{r1} 为上游折算压力，$10^{-1}MPa$；p_{r2} 为下游折算压力，$10^{-1}MPa$；Q 为通过岩心的流量，cm^3/s；A 为岩

心的横截面积，cm^2；L 为岩心的长度，cm。

在利用式(1-5)测定岩石的渗透率时，需要满足以下条件：

(1)岩石孔隙空间为单相流体所饱和；

(2)流体不与岩石发生物理化学反应；

(3)流体在岩石孔隙中的渗流为层流。

在这样的条件下得到的渗透率仅与岩石自身的性质有关，而与所通过的流体性质无关，此时的渗透率称为岩石的绝对渗透率。

渗透率是一个张量，一般是各向异性的。当水平方向上的渗透率各向异性差异不大时，可以认为水平方向上的渗透率是各向同性的。

在解析试井中，求出来的渗透率是一个区域内的平均值，为标量。另外，用单相渗流解释多相渗流的压力资料时，所得渗透率是有效渗透率。而实验室测得的渗透率只是某一方向上的绝对渗透率，二者差异很大，所代表的物理意义也不相同。

三、岩石压缩系数

在油藏的某一深度，岩石所承受的压力来自两个方面：一是岩石孔隙内流体传递的地下流体系统压力，称为孔隙压力或内压力，该压力作用于岩石孔隙内壁或内表面；二是储层上覆岩层的压力，称为上覆压力。储层岩石的压缩系数是指在等温条件下，单位体积岩石中孔隙体积随有效压力的变化率，用公式可表示为：

$$C_f = -\frac{1}{V_f}\left(\frac{\partial V_p}{\partial p}\right)_T \qquad (1-6)$$

式中，C_f 为岩石的压缩系数，MPa^{-1}；V_f 为岩石的外表体积，cm^3；V_p 为岩石的孔隙体积，cm^3；P 为有效压力，即上覆压力与孔隙压力的差值，MPa；$\left(\frac{\partial V_p}{\partial p}\right)_T$ 为等温条件下岩石孔隙体积随有效压力的变化值，cm^3/MPa；公式中的负号表示岩石孔隙体积随有效压力的增加而减小。

岩石孔隙压缩系数 C_p 是指在等温条件下，岩石孔隙体积随有效压力的变化率，用公式表示为：

$$C_p = -\frac{1}{V_p}\left(\frac{\partial V_p}{\partial p}\right)_T \qquad (1-7)$$

由式(1-6)和式(1-7)可得，岩石压缩系数与孔隙压缩系数的关系为：

$$C_f = \Phi C_p \qquad (1-8)$$

岩石的综合压缩系数 C 指油藏有效压力每降低 1MPa 时，单位体积油藏岩石由于岩石孔隙体积缩小、储层流体膨胀而从岩石孔隙中排出油的总体积，用公式表示为：

$$C = C_f + \Phi(C_o S_o + C_w S_w) \qquad (1-9)$$

式中，C 为岩石的综合压缩系数，MPa^{-1}；C_o 为原油的等温压缩系数，MPa^{-1}；C_w 为水的等温压缩系数，MPa^{-1}；S_o 为含油饱和度，%；S_w 为含水饱和度，%。

第 2 节　流体物性参数

一、原油压缩系数

原油压缩系数 C_o 是油藏弹性的一个量度。原油压缩系数定义为在等温条件下单位体积地层油体积随压力的变化率，用公式表示为：

$$C_o = -\frac{1}{V}\frac{\partial V}{\partial p} \qquad (1-10)$$

式中，C_o 为原油压缩系数，MPa^{-1}；P 为地层压力，MPa；V 为被天然气所饱和的原油体积，m^3。

在地层压力高于饱和压力条件下，原油的压缩系数为常数，式(1-10)可写为：

$$\frac{dV}{V} = -C_o dp \qquad (1-11)$$

进行积分可得，

$$V = V_i \exp[-C_o(p-p_i)] \qquad (1-12)$$

式中，V 为在地层压力 p 条件下的地层原油体积，m^3；V_i 为在 p_i 压力下的地层原油体积，m^3；p_i 为原始地层压力，MPa。

二、原油的体积系数

地层原油的体积系数 B_o 又称为原油地下体积系数，定义为：原油在地下的体积与其在地面脱气后的体积之比。用公式表示为：

$$B_o = \frac{V}{V_s} \qquad (1-13)$$

式中，V 为地层油的体积，m^3；V_s 为 V 体积的地层油在地面脱气后的体积，m^3。

在某一压力 p 下的原油体积系数与原始压力 p_i 下的原油体积系数之比应等于两个压力下的原油体积之比，用公式表示为：

$$\frac{B_o}{B_{oi}} = \frac{V}{V_i} \qquad (1-14)$$

式中，B_o 为压力 p 下地层原油的体积系数，m^3/m^3；V 为压力 p 下地层原油的体积，m^3；B_{oi} 为压力 p_i 下地层原油的体积系数，m^3/m^3；V_i 为原始压力 p_i 下地层原油的体积，m^3。

1. 饱和压力以下的原油体积系数

当地层压力 p 低于饱和压力 p_b 时，地层中存在自有气相。由式(1-12)和式(1-14)可得：

$$B_o = B_{oi}\exp[-C_o(p-p_i)] \qquad (1-15)$$

由上式可以看出，原油体积系数 B_o 是地层压力的函数。

2. 饱和压力以上的原油体积系数

当地层压力 p 高于饱和压力 p_b 时，地层中的自由气完全溶解于油相中，原油的体积系数可表示为：

$$B_o = B_{ob}\exp[-C_o(p-p_b)] \qquad (1-16)$$

式中，B_{ob} 为饱和压力 p_b 下地层原油的体积系数，m^3/m^3。

在一般情况下，地下原油的体积受 3 个因素影响：溶解气、热膨胀和压缩性。其中，溶解气和热膨胀对地下原油体积的影响较大。因此，地层油的体积总是大于它在地面脱气后的体积，即地层油的体积系数总是大于 1。图 1-1 所示为地层油的体积系数与压力的关系曲线。当压力 p 小于泡点压力 p_b 时，地层油的体积系数 B_o 随压力增加而增加，这是由于压力上升原油中溶解气量增加，原油体积膨胀；当 $p > p_b$ 时，随压力的上升，地层油的体积系数 B_o 变小，这是由于 $p > p_b$ 时压力上升，原油体积弹性收缩；当 $p = p_b$ 时，地层油的体积系数最大。

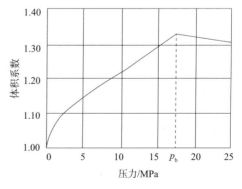

图 1-1　原油地下体积系数与压力的关系

三、原油的溶解气油比

地层原油中溶有天然气，不同类型油藏的地层原油溶解天然气的量差别很大。溶解气油比是衡量地层原油中溶解天然气的物理参数。通常把地层油在地面进行一次脱气，将分离出的气体标准（20℃，0.101MPa）体积与地面脱气油体积的比值称为溶解气油比，用公式表示为：

$$R_s = \frac{V_g}{V_s} \qquad (1-17)$$

式中，R_s 为溶解气油比，m^3/m^3；V_g 为一次脱气分离出的天然气体积，m^3；V_s 为地面脱气油体积，m^3。

四、原油黏度

流体受到切应力会发生变形，而流体阻止任何变形的性质称为流体的黏性，黏度为表征流体黏性的物理量。流体的黏度定义为单位面积上切应力与速度梯度的比值，用公式表示为：

$$\mu = \frac{\tau}{\dfrac{\partial v}{\partial x}} \qquad (1-18)$$

式中，τ 为单位面积上的切应力，N/m^2；$\dfrac{\partial v}{\partial x}$ 为速度梯度（剪切率），s^{-1}；μ 为黏度，$mPa \cdot s$。

原油的黏度对温度非常敏感，温度越高，原油的黏度越低。当温度相同时，原油的黏度与它的化学组成及溶解气油比有关。原油中胶质沥青及重烃含量越高，黏度越高。原油的溶解气油比越大，黏度越小。原油黏度是试井分析中的重要参数之一。当产油层的温度恒定时，地层原油黏度主要受地层压力影响，是压力的函数。在饱和压力以上，地层中无自由气，地层原油黏度随压力的升高而增大；在饱和压力以下，原油黏度随压力的降低而升高。

五、原油密度

地层油的密度是指单位体积地层油的质量，其数学表达式为：

$$\rho_o = \frac{m_o}{V_o} \qquad (1-19)$$

式中，ρ_o 为地层油密度，kg/m^3；m_o 为地层油质量，kg；V_o 为地层油体积，m^3。

地层油的密度是由其组成决定的。地层油组成中轻烃组分所占比例越大，则其密度越小，反之密度越大。由于溶解气的关系，地层油密度比地面脱气油密度要低几个甚至十几个百分点。地层油的密度随温度的增加而降低。当地层压力低于饱和压力时，地层油密度随压力的增加而降低，这是由于地层油溶入天然气的缘故；当地层压力高于饱和压力时，地层油的密度随压力的增加而增加；在饱和压力时，地层油密度值最小。

矿场上习惯使用地面油相对密度参数。按照石油行业标准，地面油相对密度定义为：20℃时地面油密度与4℃时水的密度之比，用符号 d_4^{20} 或 γ_o 表示。矿场上通常用实测地面油相对密度方法间接确定地层油相对密度。

第3节　井筒参数

一、井筒储集效应和井筒储集系数

井筒储集效应是由于油井井筒内流体的可压缩性造成的。井筒储集效应可用井筒储集系数来描述，无因次井筒储集系数的定义为：

$$C_D = \frac{C}{2\pi \Phi C_t h r_w^2} \tag{1-20}$$

式中，C_D 为无因次井筒储集系数；C 为井筒储集系数，m^3/MPa；Φ 为孔隙度，%；C_t 为综合压缩系数，$1/MPa$；h 为储层厚度，m；r_w 为井径，m。

对于压裂水平井，不仅要考虑井筒内流体的续流效应，还要考虑裂缝中流体的可压缩性。通常将裂缝的井筒储集效应等效为扩大的井筒，压裂水平井无因次井筒储集系数表达式为：

$$C_D = \frac{C}{2\pi \Phi C_t h x_f^2} \tag{1-21}$$

式中，x_f 为裂缝半长，m。

当考虑井筒储集效应时，根据井筒流体质量守恒，可得：

$$q_{sf} = q + \frac{24C}{B}\frac{dp_{wf}}{dt} \tag{1-22}$$

式中，q_{sf} 为地层流向井底的流量，m^3/d；q 为井筒流向地面的流量，m^3/d。

将式(1-22)进行无因次化,可得:

$$q_D(t_D) = 1 - C_D \frac{dp_{wD}}{dt_D} \qquad (1-23)$$

式中,q_D 为无因次产量;t_D 为无因次时间;p_{wD} 为无因次井底压力。

二、表皮效应和表皮系数

表皮效应是指在钻井、完井及采油气作业过程中,由于井筒中流体流入地层导致井筒附近储层物性发生变化的现象。表皮效应可用表皮系数来表示,由于表皮效应产生的附加压力降可表示为:

$$\Delta p_s = \frac{1.842 \times 10^{-3} quB}{Kh} S \qquad (1-24)$$

式中,Δp_s 为附加压力降,MPa;μ 为黏度,mPa·s;K 为储层渗透率,μm^2;S 为表皮系数。

当考虑表皮效应时,井底压力可表示为:

$$\Delta p_{wf} = \Delta p + \Delta p_s \qquad (1-25)$$

式中,Δp_{wf} 为考虑表皮效应后的井底压降,MPa;Δp 为不考虑表皮效应的井底压降,MPa。

将式(1-25)进行无因次化,可得

$$p_{wD} = p_D + S \qquad (1-26)$$

式中,p_D 为不考虑表皮效应的无因次井底压力。

三、压裂水平井考虑表皮效应和井筒储集效应的压力表达式

当不考虑井筒储集效应和表皮效应时,假设开始生产时间 $t=0$,应用 Duhamel 褶积原理,可得无因次井底压力表达式为:

$$P_{wD}(t_D) = \int_0^{t_D} q_D(\tau) p_D'(t-\tau) d\tau \qquad (1-27)$$

式中,p_D' 为定产量生产条件下,无因次井底压力对时间的导数;$P_{wD}(t_D)$ 为变产量生产时的无因次井底压力。

对式(1-23)、式(1-26)和式(1-27)进行拉普拉斯变换得:

$$\bar{q}_D = \frac{1}{u} - C_D u \bar{p}_{wD} \qquad (1-28)$$

$$\bar{p}_D = \bar{p}_{D1} + \frac{S}{u} \qquad (1-29)$$

式中，$\bar{p}_{D1}$ 为不考虑表皮效应时的无因次井底压力。

$$\bar{P}_{wD} = u\bar{q}_D\bar{p}_D \qquad (1-30)$$

将式(1-28)、式(1-29)代入式(1-30)中可得 Laplace 空间压裂水平井同时考虑表皮效应和井筒储集效应的无因次井底压力表达式：

$$\bar{P}_{wD} = \frac{u\bar{p}_{D1} + S}{u + C_D u^2(u\bar{p}_{D1} + S)} \qquad (1-31)$$

通过式(1-31)，可以将压裂水平井不考虑井筒储集效应和表皮效应的无因次井底压力解转化为考虑井筒储集效应和表皮效应的无因次井底压力解。

第4节　无量纲量

一般来说，被度量的物理量的数值大小与测量单位的选择有关系，我们称此物理量为有量纲量，如体积具有长度三次方的量纲 $[L^3]$，产量的量纲为 $[L^3T^{-1}]$。渗透率的量纲为 $[L^2]$ 等。但也有一些物理量是不具有量纲的，即量纲为1，如原油体积系数、含油饱和度、孔隙度、表皮系数等，这些物理量被称为无量纲量。

要计算某一有量纲物理量往往需要涉及其他许多有量纲物理量，给计算带来不便。为了一定的目的，常常把某些有量纲的物理量无量纲化，即引进新的无量纲量。一般来说，物理量的无量纲化就是这一物理量与别的一些物理量的组合，并与这一物理量成正比。物理量的无量纲量常常用下标 D 表示。

例如：

无量纲时间 t_D 与开井时间 t 或关井时间 Δt 成正比：

$$t_D = \frac{3.6K}{\Phi\mu c_t r_w^2}t \qquad (1-32)$$

$$t_D = \frac{3.6K}{\Phi\mu c_t r_w^2}\Delta t \qquad (1-33)$$

油井的无量纲压力 p_D 与 Δp 压差成正比：

$$p_D = \frac{Kh}{1.842 \times 10^{-3} quB}\Delta p \qquad (1-34)$$

无量纲井筒储集系数 C_D 与井筒储集系数 C 成正比：

$$C_D = \frac{C}{2\pi\Phi C_t h r_w^2} \qquad (1-35)$$

无量纲距离 r_D 与距离 r 成正比：

$$r_D = \frac{r}{r_w} \qquad (1-36)$$

无量纲化的方法不是唯一的。人们往往根据不同的需要，用不同的方法定义同一个无量纲量。例如在试井解释中，在不同的场合使用不同的无量纲时间，除了用井的半径定义之外[见式(1-32)]，还有其他的定义方式。

用供油半径 r_e 定义：

$$t_{De} = \frac{3.6K}{\Phi \mu c_t r_e^2} t \qquad (1-37)$$

用油藏面积 A 定义：

$$t_{DA} = \frac{3.6K}{\Phi \mu c_t A} t \qquad (1-38)$$

用裂缝半长 X_f 定义：

$$t_D = \frac{3.6K}{\Phi \mu c_t X_f^2} t \qquad (1-39)$$

引入无量纲量有许多优点，其中最大的优点就是通过引入无量纲量避免了用有量纲量计算所遇到的麻烦，用无量纲量讨论问题更具有普遍的意义，讨论的结果适用于任何实际场合及单位制。

第2章 试井分析基本原理

第1节 渗流基本微分方程

试井解释基础理论的基本微分方程就是流体在多孔介质中渗流的数学描述。渗流基本微分方程主要包括运动方程、状态方程、连续性方程以及初始条件和边界条件。它是在地质模型及实验的基础上，采用科学的数学方法，利用质量守恒原理建立起来的。不同的油气藏类型对应的渗流微分方程形式也不相同。

一、运动方程

储层流体在多孔介质中的渗流规律可以用达西定律来进行描述。1856 年，法国工程师达西通过实验总结得到，流量 Q 与折算压差 Δp、岩心横截面积 A 成正比，而与流体黏度 μ、渗流长度 L 成反比，可用公式表示为：

$$Q = \frac{K}{\mu} A \frac{\Delta p}{\Delta L} \tag{2-1}$$

式中，Q 为通过储层的渗流流量，cm^3/s；K 为储层渗透率，m^2；A 为渗滤横截面积，cm^2；Δp 为两渗流截面间的折算压力差，$10^{-1}MPa$；μ 为流体黏度，$mPa \cdot s$；ΔL 为两渗流截面间的距离，cm。

由于实际生产过程中，油藏形状和布井方式都比较复杂，流体的渗流方式也不相同，可以把渗流方式分为 3 种典型情况：单相流、平面径向流和球面向心流。

1. 单向流

单向流的流线为互相平行的直线，如图 2-1 所示。在垂直于流动方向的渗流界面上，各点的渗流速度相等。如果研究的渗流是稳定渗流，则在液流方向上，渗流

图 2-1　单向流动示意图

速度和压力只是一维坐标 x 的函数，此时运动方程可以表示为：

$$v = -\frac{K}{\mu}\frac{\mathrm{d}P}{\mathrm{d}x} \qquad (2-2)$$

2. 平面径向流

平面径向流的流线是一组向井中心汇集的直线，其渗流面积越接近中心越小。图2-2所示为圆形等厚地层中间一口井的径向渗流截面示意图，各个平面的渗流状况相同。如果是稳定渗流，平面上任一点的渗流速度和压力是坐标位置的函数，此时运动方程可以表示为：

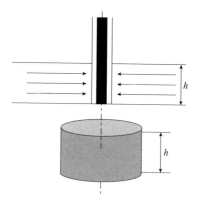

$$\begin{cases} v_x = -\dfrac{K}{\mu}\dfrac{\partial p}{\partial x} \\[2mm] v_y = -\dfrac{K}{\mu}\dfrac{\partial p}{\partial y} \end{cases} \qquad (2-3)$$

图2-2　平面径向流动示意图

因为流动为平面径向流动，所以可以用极坐标表示为：

$$v = \frac{K}{\mu}\frac{\mathrm{d}p}{\mathrm{d}r} \qquad (2-4)$$

上式中，因为压力降落方向与 r 减小方向一致，所以公式前无负号。

3. 球面径向流

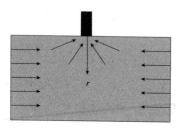

图2-3　球面径向流动示意图

球面径向流的流线是一组沿径向向一点汇集，或由一点沿径向向四周发散的直线，其渗流面积为半球面，如图2-3所示。如果是稳定渗流，任一点的压力和渗流速度是空间点 (x, y, z) 的函数。运动方程可以表示为：

$$\begin{cases} v_x = -\dfrac{K}{\mu}\dfrac{\partial p}{\partial x} \\[2mm] v_y = -\dfrac{K}{\mu}\dfrac{\partial p}{\partial y} \\[2mm] v_z = -\dfrac{K}{\mu}\dfrac{\partial p}{\partial z} \end{cases} \qquad (2-5)$$

因为流动为球面径向流动，所以可以用球坐标表示为：

$$v = \frac{K}{\mu}\frac{\mathrm{d}p}{\mathrm{d}r} \qquad (2-6)$$

二、状态方程

渗流是一个运动过程，而且也是一个状态不断变化的过程，由于和渗流有关的物质（岩石、流体和气体）都具有弹性，因此随着状态的变化，物质的力学性质也会发生变化。描述由于弹性而引起力学性质随状态而变化的方程式称为"状态方程"。

1. 液体的状态方程

由于液体具有压缩性，随着压力降低，体积发生膨胀，同时释放弹性能量，其特性可以用方程表示为：

$$C_L = -\frac{1}{V_L}\frac{dV_L}{dp} \qquad (2-7)$$

式中，C_L 为液体的弹性压缩系数，表示当压力改变 0.1MPa 时，单位体积液体体积的变化量，$(10^{-1}\text{MPa})^{-1}$；V_L 为液体的绝对体积；dV_L 为压力改变时相应的液体体积改变量。

弹性作用体现为体积和压力之间的关系。弹性液体的体积随着压力状态的变化而变化，这种变化关系用状态方程进行表征。根据质量守恒原理，在弹性压缩或者膨胀时，液体质量 M 是不变的，即：

$$M = \rho V_L \qquad (2-8)$$

式中，ρ 为液体的密度，g/cm^3。

将上式变为微分形式，并将 V_L 和 dV_L 代入可得：

$$C_L = \frac{1}{\rho}\frac{d\rho}{dp} \qquad (2-9)$$

分离变量 C_L 取常数，并设 $P = P_0$ 时，$\rho = \rho_0$。对上式进行积分可得：

$$\rho = \rho_0 e^{C_L(P-P_0)} \qquad (2-10)$$

将上式按麦克劳林级数展开，只取其前两项已具有足够的精确性：

$$\rho = \rho_0[1 + C_L(P-P_0)] \qquad (2-11)$$

式中，P_0 为大气压力，MPa；ρ_0 为大气压力 P_0 下流体的密度，g/cm^3；ρ 为任一大气压力 P 下流体的密度，g/cm^3。

2. 岩石的状态方程

岩石的压缩性对渗流过程有两方面的影响：一是压力变化会引起孔隙大小发生变化，表现为孔隙度是随压力而变化的函数；二是由于孔隙大小变化引起渗透率的变化。

由于岩石的压缩性，当压力变化时，岩石的骨架体积也发生变化，同时反映在孔隙体积的变化上。因此，可以把岩石的压缩性看成孔隙度随压力发生变化，用压缩系数表示为：

$$C_f = \frac{\Delta \Phi}{\Delta P} \qquad (2-12)$$

式中，Φ 为孔隙度，%；$\Delta \Phi$ 为当压力变化 ΔP 时孔隙度的改变量；C_f 为岩石压缩系数，MPa^{-1}。

将上式写成微分形式：

$$C_f = \frac{d\Phi}{dP} \qquad (2-13)$$

对式（2-12）进行分离变量，取 C_f 为常数，并设 $P = P_0$ 时，$\Phi = \Phi_0$，积分得：

$$\Phi = \Phi_0 + C\Phi(P - P_0) \qquad (2-14)$$

式中，P_0 为大气压力，MPa；Φ_0 为大气压力下的岩石孔隙度，%；Φ 为压力 p 时的孔隙度，%。

上式即为弹性孔隙介质的状态方程，它描述了孔隙介质在符合弹性状态变化范围内孔隙度随压力的变化规律。当压力降低时，孔隙缩小，将孔隙原有体积中的部分流体排挤出去，推向井底而成为驱动流体的弹性能量。由于岩石是由不同矿物组成的，所以不同岩石的压缩系数是不同的。地层岩石的压缩系数变化不大，常在 $1.5 \times 10^{-4} \sim 3 \times 10^{-4} 1/MPa$ 区间取值。

三、连续性方程

渗流过程必须遵循质量守恒定律（又称连续性原理）。在渗流力学上质量守恒定律可描述为：在地层中任取一个微小的单元体，在单元体内若没有源和汇存在，那么包含在微元体封闭表面内的液体质量变化应等同于同一时间间隔内液体流入质量与流出质量之差。用质量守恒定律建立起来的方程称为质量守恒方程或连续性方程。在稳定渗流时，单元体内质量应为常数。

当液体在多孔介质中流动时，连续性方程就是在没有"源"和"汇"的均匀孔隙介质的任何一个单元中。在液体径向渗流时，任取一个微小体积单元（如图2-4所示），体积单元外壁面积 S_0 为：

$$S_o = \frac{2\pi(r+\Delta r)\theta h}{2\pi} = (r+\Delta r)\theta h \quad (2-15)$$

体积单元内壁面积 S_i 为：

$$S_i = \frac{2\pi r\theta h}{2\pi} = r\theta h \qquad (2-16)$$

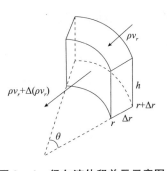

假设流入单元体的径向渗滤体积速度为 v_r，则流入单元体的径向渗滤质量速度为 $v_r\rho$；假设渗滤质量速度的增量为 $\Delta(v_r\rho)$，则流出单元体的径向渗滤质量速度应为 $v_r\rho + \Delta(v_r\rho)$。

图2-4 径向流体积单元示意图

在时间 Δt 内，流入单元体的液体质量为：

$$-(r+\Delta r)\theta h v_r \rho \Delta t \qquad (2-17)$$

在时间 Δt 内，流出单元体的液体质量为：

$$-r\theta h[v_r\rho + \Delta(v_r\rho)]\Delta t \qquad (2-18)$$

单元体中液体质量的增量使得液体的密度发生变化。事实上，单元体的体积为：

$$\frac{\pi(r+\Delta r)^2\theta h}{2\pi} - \frac{\pi r^2\theta h}{2\pi} = \frac{\theta h}{2}[(r+\Delta r)^2 - r^2] \approx \theta h r\Delta r \qquad (2-19)$$

所以单元体中液体的质量增量为：

$$(\theta h r\Delta r\Phi\rho)_{t+\Delta t} - (\theta h r\Delta r\Phi\rho)_t \qquad (2-20)$$

因此，根据质量守恒定律，Δt 时间内单元体内液体的质量变化等于同一时间间隔内流入与流出单元体的质量差，即：

$$-(r+\Delta r)\theta h v_r\rho\Delta t - \{-r\theta h[v_r\rho + \Delta(v_r\rho)]\Delta t\} = (\theta h r\Delta r\Phi\rho)_{t+\Delta t} - (\theta h r\Delta r\Phi\rho)_t$$

$$(2-21)$$

上式两边除以 $r\theta h\Delta r\Delta t$，得：

$$-\frac{v_r\rho}{r} + \frac{\Delta(v_r\rho)}{\Delta r} = \frac{\Delta(\rho\Phi)}{\Delta t} \qquad (2-22)$$

上式两边取极限，可以得到径向流动的连续性方程为：

$$\frac{1}{r}\frac{\partial}{\partial r}(rv_r\rho) = -\frac{\partial(\rho\Phi)}{\partial t} \qquad (2-23)$$

四、基本微分方程的推导

根据质量守恒定律、达西定律及状态方程，在假设渗透率、孔隙度为常数，流体为单相微可压缩流体，即压缩系数及黏度为常数条件下，可推导出流体在孔

隙介质中流动的基本微分方程:

$$\frac{\partial^2 p}{\partial r^2} + \frac{1}{r}\frac{\partial p}{\partial r} = \frac{\Phi \mu C}{K}\frac{\partial p}{\partial t} \qquad (2-24)$$

要得到渗流微分方程的定解,必须给出渗流力学方程所满足的初始条件和边界条件。

1. 初始条件

$$p(x,\ y,\ z,\ t=0) = f(x,\ y,\ z) \qquad (2-25)$$

2. 边界条件

边界条件可分为内边界条件和外边界条件两大类。

(1)定压外边界条件(第一类边界条件):

$$p(x,\ y,\ z,\ t) = f(x,\ y,\ z)\mid_{\Gamma} = G(x,\ y,\ z,\ t) \qquad (2-26)$$

式中,$G(x,\ y,\ z,\ t)$为一个已知函数。

(2)封闭外边界条件(第二类边界条件):

$$\frac{\partial p}{\partial n}\Big|_{\Gamma} = 0 \qquad (2-27)$$

(3)第三类边界条件:

$$l\frac{\partial p}{\partial n} + hp\mid_{\Gamma} = G(x,\ y,\ z) \qquad (2-28)$$

(4)内边界条件:

$$q = \frac{Kh}{\mu}\int_0^{2\pi} \frac{\partial p(r_w,\theta)}{\partial r} r_w \mathrm{d}\theta \qquad (2-29)$$

第 2 节　叠加原理

所谓"叠加原理"就是:如果某一线性微分方程的定解条件也是线性的,并且它们都可以分解成若干部分,即分解成若干个定解问题,而这几个定解问题的微分方程和定解条件相应的线性叠加,正好是原来的微分方程和定解条件。那么,这几个定解问题解的线性叠加就是原来定解问题的解。下面列举一个简单的试井问题,来说明叠加原理的应用。

假设在无限大地层中有一口生产井在某时刻开始投产,从 $t=0$ 到 $t=t_0$ 时刻产量为 q_1,$t=t_0$ 时刻以后产量变为 q_2(如图 2-5 所示),考虑地层压力分布。

以井点为原点建立坐标系,以 $p_1(r,\ t)$ 表示 $0 \leqslant t \leqslant t_0$ 时段内的地层压力分布，以 $p_2(r, t)$ 表示 $t \geq t_0$ 时段内的地层压力分布，可以得到以下定解问题：

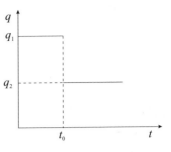

$$\begin{cases} \dfrac{1}{r} \dfrac{\partial}{\partial r} \left(r \dfrac{\partial p_1}{\partial r} \right) = \dfrac{\Phi \mu C_t}{3.6K} \dfrac{\partial p_1}{\partial t} \\ p_1(r \to \infty, t) = p_i \\ p_1(r, t=0) = p_i \\ \lim\limits_{r \to 0} r \dfrac{\partial p_1}{\partial r} = \dfrac{q_1 B \mu}{172.8\pi Kh} \end{cases} \qquad (2-30)$$

图 2 − 5 产量变化示意图

当 $t \geq t_0$ 时，$p_2(r, t)$ 适合的定解问题为：

$$\begin{cases} \dfrac{1}{r} \dfrac{\partial}{\partial r} \left(r \dfrac{\partial p_2}{\partial r} \right) = \dfrac{\Phi \mu C_t}{3.6K} \dfrac{\partial p_2}{\partial t} \\ p_2(r \to \infty, t) = p_i \\ p_2(r, t=t_0) = p_1(r, t=t_0) \\ \lim\limits_{r \to 0} r \dfrac{\partial p_2}{\partial r} = \dfrac{q_2 B \mu}{172.8\pi Kh} \end{cases} \qquad (2-31)$$

通过求解可得式(2−31)的压力分布解为：

$$p_1(r, t) = p_i + \frac{1}{2} \frac{q_1 B \mu}{172.8\pi Kh} Ei \left(-\frac{\Phi \mu C_t r^2}{14.4Kt} \right) \qquad (2-32)$$

式中，$-Ei(-x) = \int_x^\infty \dfrac{e^{-u}}{u} \mathrm{d}u$。

为求解 $p_2(r, t)$，我们假定油井在 $t = t_0$ 时刻以后仍以产量 q_1 生产，此时地层的压力分布可以用上式表示，但是与实际的压力分布将产生一个压力差 $p_3(r, t)$，即为：

$$p_3(r, t) = p_2(r, t) - p_1(r, t) \qquad (2-33)$$

当 $t \geq t_0$ 时，$p_3(r, t)$ 适合的定解问题为：

$$\begin{cases} \dfrac{1}{r} \dfrac{\partial}{\partial r} \left(r \dfrac{\partial p_3}{\partial r} \right) = \dfrac{\Phi \mu C_t}{3.6K} \dfrac{\partial p_3}{\partial t} \\ p_3(r \to \infty, t) = 0 \\ p_3(r, t=t_0) = 0 \\ \lim\limits_{r \to 0} r \dfrac{\partial p_2}{\partial r} = \dfrac{q_2 B \mu}{172.8\pi Kh} \end{cases} \qquad (2-34)$$

通过求解可得式(2-34)的压力分布解为：

$$p_3(r,\ t) = \frac{1}{2}\frac{(q_2-q_1)B\mu}{172.8\pi Kh}Ei\left(-\frac{\Phi\mu C_t r^2}{14.4K(t-t_0)}\right) \qquad (2-35)$$

因此，当 $t \geqslant t_0$ 时，地层压力分布可表示为：

$$p_2(r,\ t) = p_i + \frac{1}{2}\left[\frac{q_1 B\mu}{172.8\pi Kh}Ei\left(-\frac{\Phi\mu C_t r^2}{14.4Kt}\right) + \frac{(q_2-q_1)B\mu}{172.8\pi Kh}Ei\left(-\frac{\Phi\mu C_t r^2}{14.4K(t-t_0)}\right)\right]$$

$$(2-36)$$

第3节　镜像反应法则

势的叠加原理是建立在无限大地层基础上的，但在实际油田中，在生产井和注水井的附近往往存在着各种边界(如等势边界和不渗透边界)。这些边界的存在对渗流场的等势线分布、流线分布和井的产量都会产生影响，通常称这种影响为"边界效应"。边界对渗流场的影响可以应用"镜像反应"理论来解决。

一、不渗透边界

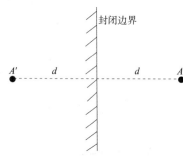

图2-6　直线断层附近有一口生产井示意图

在有界地层中，不能简单地套用叠加原理，需做一些变换后才能使用。例如，在一条封闭边界附近(如图2-6所示)有油井生产时，则需要通过镜像反应原理将有限地层转变为无限大地层后，再使用无限大地层的压降公式按叠加原理求解。

首先利用镜像反应原理和压降叠加原理，得到不渗透边界生产井井底压降为：

$$p_i - p_{wf}(t) = \frac{Q\mu}{4\pi Kh}\left[-Ei\left(-\frac{r_w^2}{4\eta t}\right) - Ei\left(-\frac{4d^2}{4\eta t}\right)\right] \qquad (2-37)$$

当生产时间较短，压力波未传播到断层时，式(2-37)中的右端第二项可忽略不计，由幂积分函数的性质，则：

$$p_{wf}(t) = p_i - \frac{Q\mu}{4\pi Kh}\left[-Ei\left(-\frac{r_w^2}{4\eta t}\right)\right] = p_i - \frac{Q\mu}{4\pi Kh}\ln\frac{2.25\eta t}{r_w^2} \qquad (2-38)$$

当生产时间较长时，压力波已经传播到断层，式(2-37)中的右端第二项不能忽略，由幂积分函数的性质，式(2-37)可写为：

$$p_{wf}(t) = p_i - \frac{Q\mu}{4\pi Kh}\left[-Ei\left(-\frac{r_w^2}{4\eta t}\right) - Ei\left(-\frac{4d^2}{4\eta t}\right)\right]$$

$$\approx p_i - \frac{Q\mu}{4\pi Kh}\ln\frac{2.25\eta t}{r_w^2} - \frac{Q\mu}{4\pi Kh}\ln\frac{2.25\eta t}{4d^2}$$

$$= -\frac{Q\mu}{2\pi Kh}\ln t + \left[p_i - \frac{Q\mu}{4\pi Kh}\left(\ln\frac{2.25\eta}{r_w^2} + \ln\frac{2.25\eta}{4d^2}\right)\right] \qquad (2-39)$$

$$= -\frac{Q\mu}{2\pi Kh}\ln t + \left[p_i - \frac{Q\mu}{2\pi Kh}\ln\frac{2.25\eta}{2r_w d}\right]$$

由式(2−38)和式(2−39)可以看出，$p_w(t)-\ln t$ 曲线将呈现出两条折线，且生产时间较长时压力波传播到断层边界后所出现的直线段斜率是生产时间较短所对应的直线斜率的2倍。

二、定压边界

定压边界相当于一条供给边界，通过镜像反应原理将有限地层转变为无限大地层后，相当于一源一汇同时生产的问题，如图2−7所示。

图2−7　直线定压边界附近一口生产井示意图

根据镜像反应原理和压降叠加原理，可以得到定压边界生产井的井底压降公式为：

$$p_i - p_{wf}(t) = \frac{Q\mu}{4\pi Kh}\left[-Ei\left(-\frac{r_w^2}{4\eta t}\right) + Ei\left(-\frac{4d^2}{4\eta t}\right)\right] \qquad (2-40)$$

当生产时间较短，压力波未传播到定压边界时，式(2−40)中的右端第二项可忽略不计，由幂积分函数的性质，则：

$$p_{wf}(t) = p_i - \frac{Q\mu}{4\pi Kh}\left[-Ei\left(-\frac{r_w^2}{4\eta t}\right)\right] = p_i - \frac{Q\mu}{4\pi Kh}\ln\frac{2.25\eta t}{r_w^2} \qquad (2-41)$$

式(2−41)与封闭边界的情况是一样的。当生产时间较长时，压力波已经传播到定压边界，则式(2−40)中的右端第二项不能忽略，由幂积分函数的性质，式(2−40)可写为：

$$p_{wf}(t) = p_i - \frac{Q\mu}{4\pi Kh}\left[-Ei\left(-\frac{r_w^2}{4\eta t}\right) + Ei\left(-\frac{4d^2}{4\eta t}\right)\right]$$

$$\approx p_i - \frac{Q\mu}{4\pi Kh}\ln\frac{2.25\eta t}{r_w^2} + \frac{Q\mu}{4\pi Kh}\ln\frac{2.25\eta t}{4d^2} \qquad (2-42)$$

$$= p_i - \frac{Q\mu}{2\pi Kh}\ln\frac{2d}{r_w}$$

由式(2-41)式(2-42)可以看出，$p_w(t)$ 仅仅在开始阶段与时间有关，当生产时间 t 较长时，压力波传播到定压边界之后，井底压力与时间无关，仅仅与井的产量以及井到边界的距离有关。可以看出，式(2-42)为稳定渗流时的公式。距离生产井为 d 的直线供给边缘的作用相当于半径为 $2d$ 的圆形供给边界的作用。

第 4 节　Laplace 变换方法

Laplace(拉普拉斯)变换方法一般用于求解不稳定渗流方程中的线性偏微分方程。此方法首先由 Van Everdingen 和 Hurst 引入到求解油气渗流的理论中。应用 Laplace 变换方法可以将不稳定渗流方程中关于时间变量的偏导数消去，从而将偏微分方程变为常微分方程，使方程更容易求解。下面介绍 Laplace 变换的定义及性质。

一、Laplace 变换的定义

假设函数 $f(t)$ 是关于时间 t 的函数，经过 Laplace 变换后得到函数如下：

$$L[f(t)] = \bar{f}(u) = \int_0^\infty f(t) e^{-ut} dt \qquad (2-43)$$

式中，u 为 Laplace 变量；$\bar{f}(u)$ 或 $L[f(t)]$ 为函数 $f(t)$ 经过 Laplace 变换后得到的 Laplace 变换式。

二、拉普拉斯变换的性质

1. 函数一阶导数的 Laplace 变换

假设函数 $f(t)$ 的导数为 $f'(t)$，根据 Laplace 变换的定义及分部积分方法，可得一阶导数的 Laplace 变换式：

$$L[f'(t)] = \int_0^\infty f'(t) e^{-ut} dt = f(t) e^{-ut} \big|_0^\infty + u \int_0^\infty f(t) e^{-ut} dt \qquad (2-44)$$

$$L[f'(t)] = u\bar{f}(u) - f(0) \qquad (2-45)$$

2. 函数积分的拉普拉斯变换

假设函数 $f(t)$ 的积分函数为 $g(t)$，其表达式如下：

$$g(t) = \int_0^t f(\tau) d\tau \qquad (2-46)$$

则积分函数 $g(t)$ 的导数为：

$$g'(t) = f(t) \qquad (2-47)$$

对式(2-47)进行 Laplace 变换并利用导数的 Laplace 变换性质得：

$$u\bar{g}(u) + g(0) = \bar{f}(u) \qquad (2-48)$$

$$\bar{g}(u) = L\left[\int_0^t f(\tau)\,\mathrm{d}\tau\right] = \frac{\bar{f}(u)}{u} \qquad (2-49)$$

式(2-49)即为函数积分的 Laplace 变换式。

3. 位移定理

假设函数 $f(t)$ 的 Laplace 变换函数 $\bar{f}(u)$ 为已知函数，假设函数 $g(t)$ 表达式如下：

$$g(t) = \mathrm{e}^{\pm at} f(t) \qquad (2-50)$$

式中，a 为常数，则函数 $g(t)$ 的 Laplace 变换式为：

$$L[\mathrm{e}^{\pm at} f(t)] = \int_0^\infty \mathrm{e}^{\pm at} f(t)\,\mathrm{e}^{-ut}\,\mathrm{d}t = \int_0^\infty \mathrm{e}^{-(u\mp a)t} f(t)\,\mathrm{d}t = \bar{f}(u\mp a) \qquad (2-51)$$

4. 延迟定理

假设 $U(t)$ 为单位阶跃函数(如图 2-8 所示)，则 $U(t)$ 与 $U(t-a)$ 的表达式如下：

$$U(t) = \begin{cases} 1 & (t>0) \\ 0 & (t<0) \end{cases} \qquad (2-52)$$

$$U(t-a) = \begin{cases} 1 & (t>a) \\ 0 & (t<a) \end{cases} \qquad (2-53)$$

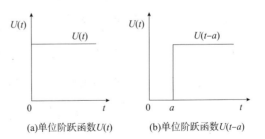

(a)单位阶跃函数$U(t)$ (b)单位阶跃函数$U(t-a)$

图 2-8　单位阶跃函数 $U(t)$ 和
$U(t-a)$ 的示意图

函数 $U(t-a)$ 的 Laplace 变换式为：

$$L[U(t-a)] = \int_0^\infty \mathrm{e}^{-ut} U(t-a)\,\mathrm{d}t = \int_{t=a}^\infty \mathrm{e}^{-ut}\,\mathrm{d}t = \int_0^\infty \mathrm{e}^{-u(a+t)}\,\mathrm{d}t \qquad (2-54)$$

$$L[U(t-a)] = \frac{\mathrm{e}^{-au}}{u} \qquad (2-55)$$

5. 卷积定理

假设函数 $f(t)$ 和 $g(t)$ 是关于时间变量 $t(t>0)$ 的函数，则两个函数的卷积表达式定义如下：

$$f * g = \int_0^t f(t - \tau) g(\tau) \mathrm{d}\tau = \int_0^t f(\tau) g(t - \tau) \mathrm{d}\tau \qquad (2-56)$$

式中，符号 $f * g$ 表示函数 $f(t)$ 和 $g(t)$ 的卷积，则卷积的拉普拉斯变换式为：

$$L[f * g] = \int_0^\infty \mathrm{e}^{-ut} \int_0^t f(t - \tau) g(\tau) \mathrm{d}\tau \mathrm{d}t \qquad (2-57)$$

根据积分的拉普拉斯变换性质，可得：

$$L[f * g] = \bar{f}(u) \bar{g}(u) \qquad (2-58)$$

第 5 节　Stehfest 数值反演方法

通过 Laplace 变换方法将函数变换到 Laplace 空间域后，还需要通过 Laplace 反变换方法转换到实空间域中。常用的 Laplace 反变换方法包括查 Laplace 反变换表、回路积分方法和数值反演方法。前两种方法属于解析方法，解析反演方法需要用到留数定理、围道积分等理论，反演比较复杂，不便于实际工程应用。Stehfest 数值反演方法具有简单易行、计算速度快等优点，能够解除解析反演的局限性。Stehfest 数值反演算法过程如下：

假设函数 $f(t)$ 的 Laplace 变换式为：

$$L[f(t)] = \bar{f}(u) = \int_0^\infty f(t) \mathrm{e}^{-ut} \mathrm{d}t \qquad (2-59)$$

假设 $\bar{f}(u)$ 为已知函数，则函数 $f(t)$ 在 $t = T$ 时刻的值可由以下反变换式求得：

$$f(T) = \frac{\ln 2}{T} \sum_{i=1}^N V_i \bar{f}\left(\frac{\ln 2}{T} i\right) \qquad (2-60)$$

式中，

$$V_i = (-1)^{\left(\frac{N}{2}+i\right)} \sum_{k=\frac{i+1}{2}}^{\min\left(i, \frac{N}{2}\right)} \left[\frac{k^{N/2}(2k)!}{(N/2 - k)! \, k! \, (k-1)! \, (i-k)! \, (2k-i)!} \right]$$

$$(2-61)$$

式中，N 必须是偶数，一般取值为 8、10、12。

第3章　垂直裂缝井试井分析方法

压裂作为一项重要的增产措施，在油田中已得到广泛应用。压裂井试井资料的解释结果可用于评价压裂效果、预测压裂井的生产动态。在深度超过700m的地层中，人工压裂产生的裂缝多为垂直裂缝。垂直裂缝离井筒越近，裂缝导流能力越大，反之，导流能力越小。

一般用裂缝的渗透率与裂缝宽度的乘积来表示裂缝的导流能力。裂缝可以分为均匀流量裂缝、无限导流能力裂缝和有限导流能力裂缝三种。均匀流量裂缝即流量沿裂缝长度方向均匀分布，但在此条件下，压力沿裂缝长度呈非均匀分布。无限导流能力裂缝即裂缝渗透率为无限大，流体在裂缝中流动无压力损失，沿裂缝长度压力均匀分布。流体从地层流入裂缝时，沿着裂缝方向流动的流量不同，一般高砂比的压裂将产生短裂缝，这种情况下可近似认为无限导流能力裂缝。有限导流能力是指裂缝内的流体流动压降有所损失，流体沿裂缝的壁面有流量通过时，考虑裂缝内的流动阻力，即为裂缝的渗透性是有限的。流体从地层流入裂缝时，沿着裂缝方向流动的流量不同，一般大型的水力压裂可以认为是有限导流能力裂缝。

第1节　无限导流垂直裂缝井试井分析

无限导流垂直裂缝模型适用于比较短的水力压裂裂缝，也即在人工压裂过程中没有加适当的支撑剂时，都可能产生符合这种模型的裂缝。无限导流裂缝(也称为高导流裂缝)的半长一般小于30m。

一、物理模型

模型的基本假设条件为：

(1)储层为顶底封闭、均质、等厚、水平无限大油藏，储层流体为单相微可压缩流体，流动符合达西定律。储层渗透率为 K，孔隙度为 Φ，综合压缩系数为 C_t。

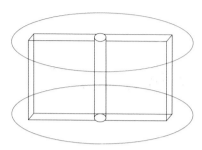

（2）裂缝中压力相同，即沿着裂缝没有压力降，裂缝渗透率 K_f 为无限大，即为无限导流裂缝。

（3）只有一条垂直裂缝，且关于井筒对称，裂缝半长为 x_f，裂缝的高度为 h，宽度为 0，且裂缝穿过整个地层。

（4）地层压力均匀分布，原始地层压力为 p_i，压裂井的产量为 q_f。图 3 – 1 所示为无限

图 3 – 1　无限导流垂直
裂缝井模型示意图

导流垂直裂缝井模型示意图。

二、无限导流垂直裂缝井数学模型

采用 Green 函数方法和 Newman 乘积方法进行求解。先将裂缝半长 x_f 分成 M 段，每段的长度为 x_f/M。认为每一小段上的流量 $q_m(m=1,2,\cdots,M)$ 为均匀分布，如图 3 – 2 所示。

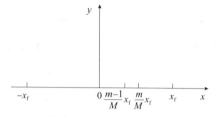

图 3 – 2　裂缝剖分示意图

第一段从 0 到 x_f/M，第二段从 x_f/M 到 $2x_f/M$，第 m 段从 $(m-1)x_f/M$ 到 mx_f/M，最后一段从 $(M-1)x_f/M$ 到 x_f。无因次参数定义如下：

$$x_D = \frac{x}{x_f},\quad y_D = \frac{y}{x_f},\quad t_D = \frac{3.6Kt}{\Phi\mu c_t x_f^2},\quad p_D = \frac{Kh}{1.842\times10^{-3}q_f\mu}\Delta p$$

无因次压力 P_D 由下式进行计算：

$$
\begin{aligned}
p_D(x_D,y_D,t_D) = \int_0^{t_D} &\left\{ \sum_{m=1}^{M} \frac{2q_m(\tau_D)hx_f}{q_f}\int_{\frac{m-1}{M}}^{\frac{m}{M}} \exp\left[\frac{(x_D-x_{wD})^2+y_D^2}{4\tau_D}\right]dx_D \right. \\
&\left. - \sum_{m=1}^{M} \frac{2q_m(\tau_D)hx_f}{q_f}\int_{\frac{m-1}{M}}^{\frac{m}{M}} \exp\left[-\frac{(x_D-x_{wD})^2+y_D^2}{4\tau_D}\right]dx_{wD} \right\} \frac{d\tau_D}{\tau_D}
\end{aligned}
$$

$$(3-1)$$

$q_m(m=1,2,\cdots,M)$ 由下式进行计算：

$$p_D\left(\frac{2j-1}{2M},0,t_D\right) = p_D\left(\frac{2j+1}{2M},0,t_D\right)\quad (j=1,2,\cdots,M-1)\quad(3-2)$$

$$\sum_{m=1}^{M} \frac{2q_m x_f h}{q_f} = M \qquad (3-3)$$

对于每一时间步，可将式(3-1)代入式(3-2)中，并与式(3-3)组成一组方程组，求得 $q_m(m=1, 2, \cdots, M)$，然后将 $q_m(m=1, 2, \cdots, M)$ 代入式(3-1)中，即可求得无因次压力 P_D。对于均匀流量模型，可以令 $M=1$，即可求得流量值。

对于矩形封闭地层，可将式(3-1)换为矩形封闭油藏中无限导流裂缝垂直裂缝井的无因次压力：

$$p_D\left(\frac{x}{x_e}, \frac{y}{y_e}, t_{DA}\right) = 2\pi \int_0^{t_{DA}} \left[1 + 2\sum_{n=1}^{\infty} \exp\left(-n^2\pi^2 \frac{x_e}{y_e} t'_{DA}\right) \cos n\pi \frac{y_w}{2y_e} \cos n\pi \frac{y_w+y}{2y_e}\right]$$

$$\left[1 + 2\sum_{n=1}^{\infty} \exp\left(-n^2\pi^2 \frac{y_e}{x_e} t'_{DA}\right) \frac{\sin n\pi \frac{x_f}{2x_e}}{n\pi \frac{x_f}{2x_e}} \cos n\pi \frac{x_w}{2x_e} \cos n\pi \frac{x_w+x}{2x_e}\right] dt'_{DA} \qquad (3-4)$$

当垂直裂缝在正方形的中心（$x_e=y_e$），无因次井底压力为：

$$p_D(t_{DA}) = 2\pi \int_0^{t_{DA}} \left[1 + 2\sum_{n=1}^{\infty} \exp\left(-4n^2\pi^2 t'_{DA}\right)\right]$$

$$\left[1 + 2\sum_{n=1}^{\infty} \exp\left(-4n^2\pi^2 t'_{DA}\right) \frac{\sin n\pi \frac{x_f}{x_e}}{n\pi \frac{x_f}{x_e}} \cos n\pi x_D \frac{x_f}{x_e}\right] dt'_{DA} \qquad (3-5)$$

式中，$t_{DA} = \dfrac{3.6Kt}{4\Phi\mu C_t(x_e, y_e)}$；$t'_{DA}$ 为积分变量。

三、无限导流垂直裂缝井的试井曲线特征

无限导流垂直裂缝井的流动阶段一般可划分为线性流动阶段和拟径向流动阶段。如图 3-3 所示，试井曲线早期是线性流动阶段，压力导数曲线为一条斜率为 0.5 的直线。这一阶段之前的纯井筒储集阶段一般不容易观测到。接着是椭圆形流动阶段，它被看成是线性流与拟径向流之间的过

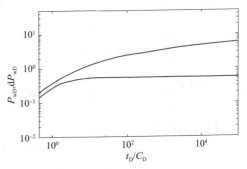

图 3-3 无限导流垂直裂缝井试井曲线

渡段。当裂缝的影响结束之后，将出现拟径向流动阶段，此时压力导数曲线为值为 0.5 的水平线。

第 2 节　有限导流垂直裂缝井试井分析

一、物理模型

模型的基本假设条件为：

(1)在各向同性、均质、水平无限大储层中被压开一条不可变形的垂直裂缝，裂缝完全穿透储层，且与井筒对称，裂缝宽度为 W_f，裂缝半长为 x_f。

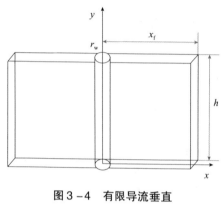

图 3-4　有限导流垂直
裂缝井模型示意图

(2)储层渗透率为 K，孔隙度为 Φ，储层厚度为 h，原始地层压力为常数 P_i。

(3)储层流体为单相微可压缩流体，流动符合达西定律，流体压缩系数 C_t 和黏度 μ 为常数。

(4)忽略重力和毛管力的影响，地层流体先从油藏流入裂缝，再从裂缝流入井筒，压裂井的产量为 q_f，如图 3-4 所示。

二、数学模型

在建立数学模型之前，我们先引入如下无量纲量：

无因次时间：$t_D = \dfrac{3.6Kt}{\Phi \mu C_t x_f^2}$

无因次压力：$p_D = \dfrac{Kh(p_i - p)}{1.842 \times 10^{-3} qB\mu}$

无因次井底压力：$p_{wD} = \dfrac{Kh(p_i - p_{wf})}{1.842 \times 10^{-3} qB\mu}$

无因次裂缝压力：$p_{fD} = \dfrac{Kh(p_i - p_f)}{1.842 \times 10^{-3} qB\mu}$

无因次水力扩散系数：$\eta_{fD} = \dfrac{K_f \Phi C_t}{K \Phi_f C_{ft}}$

无因次裂缝储集系数：$C_{fD} = \dfrac{w_f \Phi_f C_{ft}}{\pi x_f \Phi C_t}$

无因次井筒储集系数：$C_D = \dfrac{C_w}{2\pi \Phi C_t h x_f^2}$

无因次裂缝传导系数：$C_{FD} = \dfrac{K_f W_f}{k x_f} = \pi C_{fD} \eta_{fD}$

无因次长度：$x_D = \dfrac{x}{x_f}$，$y_D = \dfrac{y}{x_f}$，$W_{fD} = \dfrac{W_f}{x_f}$

式中，C_t 为综合压缩系数；C_{ft} 为裂缝综合压缩系数；C_w 为井筒储集系数。

1. 裂缝模型

裂缝中流体线性流动控制方程组可写为：

$$\frac{\partial^2 p_{fD}}{\partial x_D^2} + \frac{2}{C_{FD}} \frac{\partial p_D}{\partial y_D}\bigg|_{y_D = W_{fD}} = \frac{1}{\eta_{fD}} \frac{\partial p_{fD}}{\partial t_D} \tag{3-6}$$

初始条件：$p_{fD}(0 \leq x_D < \infty,\ t_D = 0) = 0$ $\tag{3-7}$

边界条件：

不考虑井筒储集效应：$\dfrac{\partial p_{fD}}{\partial x_D}\bigg|_{x_D = 0} = -\dfrac{\pi}{C_{FD}}$ $\tag{3-8}$

考虑井筒储集效应：$\dfrac{\partial p_{fD}}{\partial x_D}\bigg|_{x_D = 0} = -\dfrac{\pi}{C_{FD} h_{fD}}\left(1 - C_D \dfrac{\partial p_{wD}}{\partial t_D}\right)$ $\tag{3-9}$

$$\lim_{x_D \to 1} \frac{\partial p_{fD}}{\partial x_D} = 0 \quad t_D > 0 \tag{3-10}$$

对上述方程组进行 Laplace 变换可得：

$$\frac{d^2 \bar{p}_{fD}}{d x_D^2} + \frac{2}{C_{FD}} \frac{d \bar{p}_D}{d y_D}\bigg|_{y_D = W_{fD}} = \frac{u}{\eta_{fD}} \bar{p}_{fD} \quad (0 < x_D < \infty) \tag{3-11}$$

式中，u 为 Laplace 变量。

不考虑井筒储集效应：$\dfrac{d \bar{p}_{fD}}{d x_D}\bigg|_{x_D = 0} = -\dfrac{\pi}{C_{FD} u}$ $\tag{3-12}$

考虑井筒储集效应：$\dfrac{d \bar{p}_{fD}}{d x_D}\bigg|_{x_D = 0} = -\dfrac{\pi}{C_{FD}}\left(\dfrac{1}{u} - u C_D \bar{p}_{wD}\right)$ $\tag{3-13}$

$$\lim_{x_D \to 1} \frac{d \bar{p}_{fD}}{d x_D} = 0 \tag{3-14}$$

2. 地层模型

地层中流体线性流动控制方程组可写为：

$$\frac{\partial^2 p_D}{\partial y_D^2} = \frac{\partial p_D}{\partial t_D} \quad (0 \leqslant y_D < \infty, \ t_D > 0) \tag{3-15}$$

初始条件：$p_D(0 < y_D < \infty, \ t_D = 0) = 0$ \quad (3-16)

边界条件：$p_D \big|_{y_D = W_{fD}} = p_{fD} \quad (t_D > 0)$ \tag{3-17}

$$\lim_{y_D \to 1} \frac{\partial p_{fD}}{\partial x_D} = 0 \quad (t_D > 0) \tag{3-18}$$

将上述方程组进行 Laplace 变换可得：

$$\frac{d^2 \bar{p}_{fD}}{dy_D^2} = u\bar{p}_D \quad (0 < y_D < \infty) \tag{3-19}$$

边界条件：

$$\bar{p}_{fD} = \bar{p}_D \big|_{y_D = 0} - \frac{2}{\pi} S_f \frac{d\bar{p}_D}{dy_D} \Big|_{y_D = W_{fD}} \tag{3-20}$$

$$\lim_{y_D \to 1} \bar{p}_D = 0 \tag{3-21}$$

式中，$\bar{p}_D(x_D, u) = L_{t_D}\{p_D(x_D, t_D)\}$；$\bar{p}_{fD}(y_D, u) = L_{t_D}\{p_{fD}(x_D, t_D)\}$；

定义：$\bar{\bar{p}}_D(r, u) = L_{y_D}\{p_D(y_D, u)\}$

对式(3-19)取基于 y_D 的 Laplace 变换：

$$r^2 \bar{\bar{p}}_D - r\bar{p}_D \big|_{y_D = 0} - \frac{dp_D}{dy_D}\Big|_{y_D = W_{fD}} = u\bar{\bar{p}}_D \tag{3-22}$$

对上式求解可得：

$$\bar{\bar{p}}_D = \frac{r\bar{p}_D \big|_{y_D = W_{fD}}}{(r - \sqrt{u})(r + \sqrt{u})} + \frac{\dfrac{d\bar{p}_D}{dy_D}\Big|_{y_D = W_{fD}}}{(r - \sqrt{u})(r + \sqrt{u})} \tag{3-23}$$

对上式取基于 y_D 的反变换：

$$\bar{p}_D = \bar{p}_D \big|_{y_D = W_{fD}} \cosh(\sqrt{u} y_D) + \frac{d\bar{p}_D}{dy_D}\Big|_{y_D = W_{fD}} \frac{\sinh(\sqrt{u} y_D)}{\sqrt{u}} \tag{3-24}$$

由式(3-21)、式(3-24)得：

$$\lim_{y_D \to 1} \bar{p}_D = \bar{p}_D \big|_{y_D = W_{fD}} \frac{e^{\sqrt{u} y_D}}{2} + \frac{d\bar{p}_D}{dy_D}\Big|_{y_D = W_{fD}} \frac{e^{\sqrt{u} y_D}}{2} \frac{1}{\sqrt{u}} = 0 \tag{3-25}$$

$$\bar{p}_D \big|_{y_D = W_{fD}} = -\frac{1}{\sqrt{u}} \frac{d\bar{p}_D}{dy_D}\Big|_{y_D = W_{fD}} \tag{3-26}$$

将式(3-26)代入式(3-20)得:

$$\frac{d\bar{p}_D}{dy_D}\bigg|_{y_D = W_{fD}} = -\frac{\bar{p}_{fD}}{\frac{2}{\pi}S_f + \frac{1}{\sqrt{u}}} \tag{3-27}$$

将式(3-27)代入式(3-11)得:

$$\frac{d^2\bar{p}_{fD}}{dx_D^2} - \frac{2}{C_{FD}} \frac{\bar{p}_{fD}}{\frac{2}{\pi}S_f + \frac{1}{\sqrt{u}}} - \frac{u}{\eta_{fD}}\bar{p}_{fD} = 0 \tag{3-28}$$

令:$A = \frac{u}{\eta_{fD}} + \frac{2}{C_{fD}\left(\frac{2}{\pi}S_f + \frac{1}{\sqrt{u}}\right)}$,则式(3-28)的通解为:

$$\bar{p}_{fD} = c_1 e^{\sqrt{A}x_D} + c_2 e^{-\sqrt{A}x_D} \tag{3-29}$$

由式(3-14)得:

$$\lim_{x_D \to 1}\frac{d\bar{p}_{fD}}{dx_D} = c_1\sqrt{A}e^{\sqrt{A}x_D} - c_2\sqrt{A}e^{-\sqrt{A}x_D} = 0 \tag{3-30}$$

由式(3-12)得:

$$\frac{d\bar{p}_{fD}}{dx_D}\bigg|_{x_D = 0} = -\frac{\pi}{C_{FD}u} = c_1\sqrt{A} - c_2\sqrt{A} \tag{3-31}$$

由式(3-13)得:

$$\frac{d\bar{p}_{fD}}{dx_D}\bigg|_{x_D = 0} = -\frac{\pi}{C_{FD}}\left(\frac{1}{u} - uC_D\bar{p}_{wD}\right) = c_1\sqrt{A} - c_2\sqrt{A} \tag{3-32}$$

当$x_D = 0$时:

$$\bar{p}_{fD} = \bar{p}_{wD} \tag{3-33}$$

由式(3-30)~式(3-33),当不考虑井筒存储效应时:

$$\bar{p}_{wD} = \frac{\pi}{uC_{FD}\sqrt{A}\tanh\sqrt{A}} \tag{3-34}$$

当考虑井筒存储效应时:

$$\bar{p}_{wD} = \frac{\pi}{uC_{FD}\left(\sqrt{A}\tanh\sqrt{A}\frac{\pi}{C_{FD}}uC_D\right)} \tag{3-35}$$

其中:

$$A = \frac{u}{\eta_{fD}} + \frac{2}{C_{FD}\left(\frac{2}{\pi}S_f + \frac{1}{\sqrt{u}}\right)} \tag{3-36}$$

三、有限导流垂直裂缝井的流动段特征

1. 裂缝线性流动阶段

在早期段，当 t_D 很小时，式(3-35)可化简为：

$$\overline{p}_{wD} = \frac{\pi}{uC_{FD}\left(\dfrac{u}{\eta_{fD}}\right)^{\frac{1}{2}} + \pi C_D u^2} \tag{3-37}$$

当 η_{fD} 足够大，$\eta_{fD}^{\frac{1}{2}} C_D / C_{FD} \geqslant 10^4$ 时，水力扩散系数 η_{fD} 的影响可以忽略不计。式(3-37)可化简为：

$$\overline{p}_{wD} = \frac{1}{C_D u^2} \tag{3-38}$$

由式(3-38)可以看出，当早期不考虑表皮与井储效应时，双对数压力曲线表现为一条斜率为0.5的直线，这一阶段为裂缝线性流动阶段(见图3-5)，流体完全通过井筒流入裂缝。裂缝与流体的弹性膨胀是引起该流动过程的主要因素，这一流动阶段一般不易见到。

2. 双线性流动阶段

随着时间变量 t_D 增大，水力扩散系数 η_{fD} 也随之增大，u/η_{fD} 值很小，可以忽略不计。式(3-35)可化简为：

$$\overline{p}_{wD} = \frac{\pi}{(2C_{FD})^{\frac{1}{2}} u^{\frac{5}{4}}} \tag{3-39}$$

如图3-6所示，随着生产时间的增加，流体的流动由裂缝线性流动转变为裂缝中的线性流动与地层中的线性流动同时存在的阶段，称为双线性流动阶段。此时双对数压力曲线表现为一条斜率为0.25的直线。

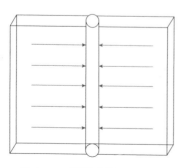

图3-5　裂缝线性流示意图

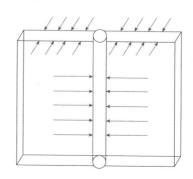

图3-6　双线性流示意图

3. 地层线性流动阶段

如图 3 - 7 所示，在流动中期会出现地层线性流阶段，此时 u 值很小，式(3 - 35)可化简为：

$$\bar{p}_{wD} = \frac{\pi}{2u^{\frac{3}{2}}} \qquad (3 - 40)$$

此时地层内流体以线性流方式流入裂缝，双对数压力曲线表现为一条斜率为 0.5 的直线。

4. 拟径向流动阶段

在流动晚期会出现整个系统的拟径向流动阶段(见图 3 - 8)，当线性流和双线性流阶段结束后，裂缝的影响逐渐减弱，这时就会形成地层拟径向流动阶段，此时双对数压力曲线表现为一条水平的直线。

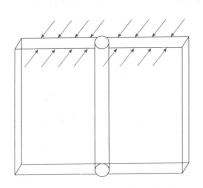
图 3 - 7　地层线性流示意图

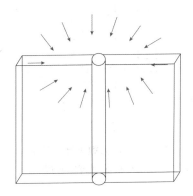
图 3 - 8　拟径向流示意图

第 3 节　应力敏感有限导流垂直裂缝井试井分析

储层应力敏感是指随着油气的不断开采，地层中的压力将会不断降低，从而导致岩石骨架所受到的有效应力增加，导致岩石会发生压缩变形，同时储层中的微孔隙也会被压缩，最终导致储层岩石的孔隙度与渗透率减小的性质。

由于渗透率是随有效应力的变化而变化的，且大量实验表明，渗透率与孔隙压力之间关系按指数规律变化，渗透率模数可定义为：

$$\alpha = \frac{1}{K} \frac{\partial K}{\partial p} \qquad (3 - 41)$$

参数 α 在系统的有效应力在对渗透率的影响中起着重要的作用，是渗透率依赖于孔隙压力的量度，对于实际用途，可假定 α 是常数。

均质油藏的渗透率可以表示为：

$$k = k_i e^{-\alpha(p_i - p)} \tag{3-42}$$

式(3-42)表明渗透率与压力间的关系按照指数规律变化。

一、物理模型

模型的基本假设条件为：

（1）油藏为均质、等厚、各向同性地层，油层的垂直方向为不渗透边界，水平方向为无穷大。

（2）地层中压开一条不可变形的垂直裂缝，裂缝完全穿透储层，且与井筒对称，裂缝宽度为 W_f，裂缝半长为 x_f，裂缝中存在压力降，为有限导流垂直裂缝。

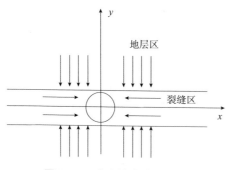

图 3-9　应力敏感地层有限导流垂直裂缝井示意图

（3）考虑井筒储集效应和表皮影响，忽略毛细管压力和重力的影响。

（4）地层中流体为微可压缩单相流体，流体在地层中流动为达西线性流。

（5）地层流体先从地层流入裂缝，再由裂缝流入井筒，该井以某一恒定产量进行生产，如图 3-9 所示。

二、应力敏感有限导流垂直裂缝井数学模型

1. 裂缝模型

描述裂缝中流体渗流问题的控制方程：

$$\frac{\partial^2 P_f}{\partial x^2} + \left(\frac{1}{k_f}\frac{\partial k_f}{\partial p_f}\right)\left(\frac{\partial p_f}{\partial x}\right)^2 = \frac{\Phi_f \mu C_{ft}}{k_f}\frac{\partial p_f}{\partial t} - \frac{\mu}{k_f}\hat{q} \tag{3-43}$$

式中，$\hat{q} = \dfrac{q}{v_f}$，$v_f = h b_f x_f$，即 $\dfrac{\mu}{k_f}\hat{q} = \dfrac{\mu}{k_f}\dfrac{q}{h b_f x_f}\left(\dfrac{2kh}{h}\right)\dfrac{\partial p}{\partial y}\Big|_{y=b_f}$

所以裂缝的控制方程为：

$$\frac{\partial^2 P_f}{\partial x^2} + \left(\frac{1}{k_f}\frac{\partial k_f}{\partial p_f}\right)\left(\frac{\partial p_f}{\partial x}\right)^2 + \frac{2k}{k_f b_f}\frac{\partial p_1}{\partial y}\Big|_{y=b_f} = \frac{\Phi_f \mu C_{ft}}{k_f}\frac{\partial p_f}{\partial t} \tag{3-44}$$

代入到式(3-46)中可得:

$$\frac{\partial^2 P_{\mathrm{f}}}{\partial x^2} + \alpha\left(\frac{\partial p_{\mathrm{f}}}{\partial x}\right)^2 + \frac{2k}{k_{\mathrm{f0}}b_{\mathrm{f}}}\mathrm{e}^{\alpha(p_0-p_{\mathrm{f}})}\frac{\partial p_1}{\partial y}\bigg|_{y=b_{\mathrm{f}}} = \frac{\Phi_{\mathrm{f}}\mu C_{\mathrm{ft}}}{k_{\mathrm{f0}}}\mathrm{e}^{\alpha(p_0-p_{\mathrm{f}})}\frac{\partial p_{\mathrm{f}}}{\partial t} \qquad (3-45)$$

定义无因次变量如下:

$$P_{\mathrm{D}} = \frac{kh(p_{\mathrm{i}}-p)}{1.842\times10^{-3}q\mu B}, \quad t_{\mathrm{D}} = \frac{3.6kt}{\Phi\mu C_{\mathrm{t}}r_{\mathrm{w}}^2}, \quad r_{\mathrm{D}} = \frac{r}{r_{\mathrm{w}}}$$

$$C_{\mathrm{D}} = \frac{C}{2\pi\Phi C_{\mathrm{t}}hr_{\mathrm{w}}^2}, \quad \frac{\partial P_{\mathrm{fD}}}{\partial t_{\mathrm{D}}} = -\frac{kh}{1.842\times10^{-3}q\mu B}\frac{\Phi\mu C_{\mathrm{t}}x_{\mathrm{f}}^2}{k}\frac{\partial p_{\mathrm{f}}}{\partial t}$$

$$\frac{\partial P_{\mathrm{fD}}}{\partial x_{\mathrm{D}}} = -\frac{khx_{\mathrm{f}}}{1.842\times10^{-3}q\mu B}\frac{\partial p_{\mathrm{f}}}{\partial x}, \quad \frac{\partial^2 P_{\mathrm{fD}}}{\partial x_{\mathrm{D}}^2} = -\frac{khx_{\mathrm{f}}^2}{1.842\times10^{-3}q\mu B}\frac{\partial^2 p_{\mathrm{f}}}{\partial x^2}$$

裂缝的渗流控制方程及初始条件可写为:

$$\frac{\partial^2 P_{\mathrm{fD}}}{\partial x_{\mathrm{D}}^2} - \alpha_{\mathrm{D}}\left(\frac{\partial P_{\mathrm{fD}}}{\partial x_{\mathrm{D}}}\right)^2 + \left(\frac{2kx_{\mathrm{f}}}{k_{\mathrm{f0}}b_{\mathrm{f}}}\right)\mathrm{e}^{\alpha_{\mathrm{D}}P_{\mathrm{fD}}}\frac{\partial P_{\mathrm{1D}}}{\partial y_{\mathrm{D}}}\bigg|_{y_{\mathrm{D}}=b_{\mathrm{D}}} = \frac{k\Phi_{\mathrm{f}}\mu C_{\mathrm{ft}}}{k_{\mathrm{f}}\Phi C_{\mathrm{t}}}\mathrm{e}^{\alpha_{\mathrm{D}}P_{\mathrm{fD}}}\frac{\partial P_{\mathrm{fD}}}{\partial t_{\mathrm{D}}} \qquad (3-46)$$

即:

$$\frac{\partial^2 P_{\mathrm{fD}}}{\partial x_{\mathrm{D}}^2} - \alpha_{\mathrm{D}}\left(\frac{\partial P_{\mathrm{fD}}}{\partial x_{\mathrm{D}}}\right)^2 + \left(\frac{2}{F_{\mathrm{D}}}\right)\mathrm{e}^{\alpha_{\mathrm{D}}P_{\mathrm{fD}}}\frac{\partial P_{\mathrm{1D}}}{\partial y_{\mathrm{D}}}\bigg|_{y_{\mathrm{D}}=b_{\mathrm{D}}} = C_1\mathrm{e}^{\alpha_{\mathrm{D}}P_{\mathrm{fD}}}\frac{\partial P_{\mathrm{fD}}}{\partial t_{\mathrm{D}}} \qquad (3-47)$$

式中, F_{D} 为裂缝导流能力。

初始条件:

$$P_{\mathrm{fD}}(t_{\mathrm{D}}=0, x_{\mathrm{D}}) = 0 \qquad (3-48)$$

内边界条件:

$$\mathrm{e}^{-\alpha_{\mathrm{D}}P_{\mathrm{fD}}}\frac{\partial P_{\mathrm{fD}}}{\partial x_{\mathrm{D}}}\bigg|_{X_{\mathrm{D}}=0} = -\frac{\pi}{F_{\mathrm{D}}}\left(1-C_{\mathrm{D}}\frac{\partial P_{\mathrm{wD}}}{\partial t_{\mathrm{D}}}\right) \qquad (3-49)$$

外边界条件:

$$\frac{\partial P_{\mathrm{fD}}}{\partial x_{\mathrm{D}}}\bigg|_{X_{\mathrm{D}}=1} = 0 \qquad (3-50)$$

进行如下变换, 令:

$$P_{\mathrm{fD}} = \frac{-\ln(1-\alpha_{\mathrm{D}}\eta_{\mathrm{D}})}{\alpha_{\mathrm{D}}} \qquad P_{\mathrm{wD}} = \frac{-\ln(1-\alpha_{\mathrm{D}}\eta_{\mathrm{wD}})}{\alpha_{\mathrm{D}}}$$

则 $$\frac{\partial P_{\mathrm{fD}}}{\partial x_{\mathrm{D}}} = \frac{1}{(1-\alpha_{\mathrm{D}}\eta_{\mathrm{D}})}\frac{\partial \eta_{\mathrm{D}}}{\partial x_{\mathrm{D}}}, \quad \frac{\partial^2 P_{\mathrm{fD}}}{\partial x_{\mathrm{D}}^2} = \frac{\alpha_{\mathrm{D}}}{(1-\alpha_{\mathrm{D}}\eta_{\mathrm{D}})^2}\left(\frac{\partial \eta_{\mathrm{D}}}{\partial x_{\mathrm{D}}}\right)^2 + \frac{1}{(1-\alpha_{\mathrm{D}}\eta_{\mathrm{D}})}\frac{\partial^2 \eta_{\mathrm{D}}}{\partial x_{\mathrm{D}}^2}$$

$$\frac{\partial P_{\mathrm{fD}}}{\partial t_{\mathrm{D}}} = \frac{1}{(1-\alpha_{\mathrm{D}}\eta_{\mathrm{D}})}\frac{\partial \eta_{\mathrm{D}}}{\partial t_{\mathrm{D}}}, \quad \frac{\partial P_{\mathrm{1D}}}{\partial t_{\mathrm{D}}} = \frac{1}{(1-\alpha_{\mathrm{D}}\eta_{\mathrm{1D}})}\frac{\partial \eta_{\mathrm{1D}}}{\partial t_{\mathrm{D}}}$$

裂缝中流体渗流问题的无因次控制方程可以转化为:

$$\frac{\partial^2 \eta_D}{\partial x_D^2} + \frac{2}{F_D} \frac{\partial \eta_{1D}}{\partial y_D}\bigg|_{y_D = b_D} = \frac{C_1}{(1 - \alpha_D \eta_D)} \frac{\partial \eta_D}{\partial t_D} \tag{3-51}$$

初始条件：

$$\eta_D(t_D = 0, \ x_D) = 0 \tag{3-52}$$

内边界条件：

$$\frac{\partial \eta_D}{\partial x_D}\bigg|_{x_D = 0} = -\frac{\pi}{F_D} \frac{1}{1 - \alpha_D \eta_D}\left(1 - C_D \frac{\partial \eta_{wD}}{\partial t_D}\right) \tag{3-53}$$

外边界条件：

$$\frac{\partial \eta_D}{\partial X_D}\bigg|_{x_D = 1} = 0 \tag{3-54}$$

2. 储层模型

根据渗流基本理论，应力敏感储层渗流控制方程为：

$$\frac{\partial^2 P_{1D}}{\partial y_D^2} + \left(\frac{\partial P_{1D}}{\partial y_D}\right)^2 = \frac{\partial P_{1D}}{\partial t_D} \tag{3-55}$$

初始条件：

$$P_{1D}(t_D = 0, \ y_D) = 0 \tag{3-56}$$

内边界条件：

$$e^{-\alpha_D P_{fD}} P_{fD} = P_{1D} - S_f \frac{\partial P_{1D}}{\partial y_D}\bigg|_{y_D = b_D} \tag{3-57}$$

外边界条件：

$$P_{1D}(t_D, \ y_D \to \infty) = 0 \tag{3-58}$$

式中，$x_D = \dfrac{x}{x_f}$，$y_D = \dfrac{y}{y_f}$，$C_1 = \dfrac{\eta}{\eta_f} = \dfrac{K_f \Phi_f C_{ft}}{K_f \Phi C_t}$，$F_D = \dfrac{K_f b_f}{K x_f}$。

式(3-55)~式(3-58)进行变换后可写为如下形式。

渗流控制方程：

$$\frac{\partial^2 \eta_{1D}}{\partial y_D^2} = \frac{\partial \eta_{1D}}{\partial t_D} \tag{3-59}$$

初始条件：

$$\eta_{1D}(t_D = 0, \ y_D) = 0 \tag{3-60}$$

内边界条件：

$$\eta_D = \frac{1}{1 - \alpha_D \eta_D}\left(\eta_{1D} - S_f \frac{\partial \eta_{1D}}{\partial y_D}\bigg|_{y_D = b_D}\right) \tag{3-61}$$

外边界条件：

$$\eta_{1D}(t_D, y_D \rightarrow \infty) = 0 \tag{3-62}$$

应用 Pedrosa 的参数扰动法求解，将上述方程进行 Laplace 变换并采用零阶扰动求解。

渗流控制方程：

$$\frac{\partial^2 \bar{\eta}_D}{\partial x_D^2} + \frac{2}{F_D} \frac{\partial \bar{\eta}_{1D}}{\partial y_D}\bigg|_{y_D = b_D} = C_1 u \bar{\eta}_D \tag{3-63}$$

内边界条件：

$$\frac{\partial \bar{\eta}_D}{\partial x_D}\bigg|_{x_D = 0} = -\frac{\pi}{F_D}\left(\frac{1}{u} - C_D u \bar{\eta}_{wD}\right) \tag{3-64}$$

$$\bar{\eta}_D = \bar{\eta}_{1D} - S_f \frac{\partial \bar{\eta}_{1D}}{\partial y_D}\bigg|_{y_D = b_D} \tag{3-65}$$

外边界条件：

$$\frac{\partial \bar{\eta}_D}{\partial x_D}\bigg|_{x_D = 1} = 0 \tag{3-66}$$

$$\frac{\partial^2 \bar{\eta}_{1D}}{\partial y_D^2} = u \bar{\eta}_{1D} \tag{3-67}$$

$$\bar{\eta}_{1D}(u, y_D \rightarrow \infty) = 0 \tag{3-68}$$

对式（3-67）关于 y_D 进行第二次拉氏变换，得到：

$$r^2 \bar{\bar{\eta}}_{1D} - r \bar{\eta}_{1D}\big|_{y_D = b_D} - \frac{\partial \bar{\eta}_{1D}}{\partial y_D}\bigg|_{y_D = b_D} = u \bar{\bar{\eta}}_{1D} \tag{3-69}$$

$$\bar{\bar{\eta}}_{1D} = \frac{r \bar{\eta}_{1D}\big|_{y_D = b_D} + \dfrac{\partial \bar{\eta}_{1D}}{\partial y_D}\bigg|_{y_D = b_D}}{r^2 - u} \tag{3-70}$$

对式（3-70）关于 y_D 求逆变换，得到：

$$\bar{\eta}_{1D} = \bar{\eta}_{1D}\big|_{y_D = b_D} \cosh(\sqrt{u} y_D) + \frac{\partial \bar{\eta}_{1D}}{\partial y_D}\bigg|_{y_D = b_D} \frac{\sinh(\sqrt{u} y_D)}{\sqrt{u}} \tag{3-71}$$

由式（3-71）结合边界条件式（3-65）、式（3-68），可以得到 $\bar{\eta}_{1D}$ 与 $\bar{\eta}_D$ 的关系式为：

$$\frac{\partial \bar{\eta}_{1D}}{\partial y_D}\bigg|_{y_D = b_D} = -\frac{\bar{\eta}_D}{S_f + 1/\sqrt{u}} \tag{3-72}$$

将式(3-72)代入式(3-63)可得：

$$\frac{\partial^2 \overline{\eta}_{1D}}{\partial x_D^2} = \left[\frac{\alpha}{S_f + 1/\sqrt{u}} + C_1 u \right] \overline{\eta}_{1D} \qquad (3-73)$$

由式(3-73)并结合边界条件式(3-64)、式(3-66)，得到 Laplace 空间上的井底压力表达式：

$$\overline{\eta}_{1D}(u) = \frac{\beta(C_D u \overline{\eta}_{wD} - 1/u)}{\sqrt{\alpha}\sqrt{\dfrac{1}{S_f + 1/\sqrt{u}}}} \times \exp\left[-\frac{2}{S_f - (1/u)x_D} \right] \qquad (3-74)$$

令 $x_D = 0$，$\overline{\eta}_D = \overline{\eta}_{wD}$，因此：

$$\overline{\eta}_{wD}(u) = \frac{\beta \cosh\varphi}{u[u\beta C_D \cosh\varphi - \varphi \sinh\varphi]} \qquad (3-75)$$

式中，$\varphi = \sqrt{\dfrac{\alpha}{1/u + S_f} + C_1 u}$，$\alpha = \dfrac{2}{F_D}$，$\beta = -\dfrac{\pi}{F_D}$。

所以可以得到井底压力解为：

$$P_{wD} = -\frac{\ln\left[1 - \alpha_D L^{-1}(\overline{\eta}_{wD})\right]}{\alpha_D} \qquad (3-76)$$

式中，L^{-1} 为 Laplace 逆变换。

三、应力敏感有限导流垂直裂缝井试井曲线特征

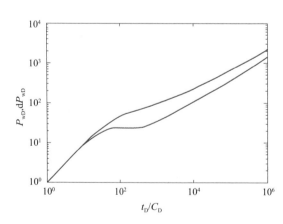

图 3-10　应力敏感有限导流垂直裂缝井的试井曲线

有限导流垂直裂缝井在应力敏感储层的典型试井曲线如图 3-10 所示。在早期段，受井筒储集效应和表皮效应的影响，压力和压力导数曲线合二为一，呈一定斜率上升，接下来压力导数曲线出现峰值后向下倾斜。在应力敏感地层中，压力导数曲线的双线性流动阶段曲线末端上翘，拟径向流动阶段消失。受应力敏感储层的影响，压力和压力导数均有上升的趋势，并且在曲线末端，压力和压力导数曲线上升更加明显。

第4节 低速非达西流有限导流垂直裂缝井试井分析

一、物理模型

模型的基本假设条件为：

(1)在各向同性、均质、水平无限大储层中，储层具有相同厚度 h，地层渗透率为 K，孔隙度为 Φ，原始地层压力为常数 p_i。

(2)流体微可压缩，综合压缩系数 C_t 和黏度 μ 为常数。

(3)地层中心一口井被压开一条不可变形的垂直裂缝，裂缝为井轴对称，裂缝半长为 X_f，裂缝宽度为 b_f，裂缝完全穿透储层，裂缝渗透率为 K_f，沿着裂缝存在压力降，裂缝孔隙度为 Φ_f，裂缝末端封闭。

(4)在裂缝区内的流动是低速非达西流动。该流动范围是在裂缝半长之内，即 x 方向 $-X_f < x < X_f$，y 方向 $-b_f/2 < y < b_f/2$。

(5)地层内流动为垂直于裂缝的非线性流动。该流动范围内是低速非达西流动，即 x 方向 $-X_f < x < X_f$，y 方向 $b_f/2 \leqslant |y| < \infty$。

(6)忽略毛细管压力和重力的影响。

二、低速非达西有限导流垂直裂缝井数学模型

以井中心为原点，裂缝宽度的二等分线为 x 轴，建立坐标系，如图3-11所示。坐标系将流动区域划分为对称的4个象限，取第一象限作为研究对象。在系统早期，裂缝中的流体流向井筒，地层区和裂缝之间形成压差，当压差大于启动压力梯度 λ_B 时，地层区中

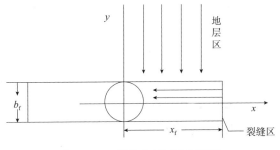

图3-11 低速非达西有限导流
垂直裂缝井示意图

的流体开始向裂缝中流动。基于以上假设条件，建立描述裂缝和地层渗流的微分方程，该模型考虑了井筒储集效应和裂缝表皮效应。

1. 裂缝模型

裂缝中的流动为线性流，其渗流微分方程为：

$$\frac{\partial^2 P_f}{\partial x^2} + \frac{\partial^2 P_f}{\partial y^2} = \frac{\Phi_f \mu C_{ft}}{3.6 K_f} \frac{\partial P_f}{\partial t} \qquad (3-77)$$

初始条件为：

$$P_f \big|_{t=0} = 0 \qquad (3-78)$$

内边界条件：

不考虑井筒储集效应：

$$\frac{\partial P_f}{\partial x} \bigg|_{x=0} = \frac{1.842 \times 10^{-3} q \mu B}{K_f b_f h} \qquad (3-79)$$

考虑井筒储集效应：

$$\frac{\partial P_f}{\partial x} \bigg|_{x=0} = \frac{1.842 \times 10^{-3} q \mu B}{K_f b_f h} - \frac{\mu C_w}{7.2 K_f b_f h} \frac{\partial P_w}{\partial t} \qquad (3-80)$$

裂缝端封闭：

$$\frac{\partial P_f}{\partial x} \bigg|_{x=x_f} = 0 \qquad (3-81)$$

裂缝面与储层流量相等条件：

$$K_f \frac{\partial P_f}{\partial y} \bigg|_{y=\frac{b_f}{2}} = K \left(\frac{\partial P}{\partial y} - \lambda_B \right) \bigg|_{y=\frac{b_f}{2}} \qquad (3-82)$$

引入如下无因次量：

(1) 无因次时间：$t_{fD} = 3.6 K t / (\Phi \mu C_t x_f^2)$。

(2) 无因次压力：$P_D = K h (p_i - p) / (1.842 \times 10^{-3} q \mu B)$。

(3) 无因次井底压力：$P_{wD} = K h (p_i - p_{wf}) / (1.842 \times 10^{-3} q \mu B)$。

(4) 无因次裂缝压力：$P_{fD} = K h (p_i - p_f) / (1.842 \times 10^{-3} q \mu B)$。

(5) 无因次裂缝导流能力：$F_D = K_f b_f / (K X_f)$。

(6) 无因次裂缝扩散系数：$\eta_{fD} = K_f \Phi C_t / (K \Phi_f C_{ft})$。

(7) 无因次井筒储集系数：$C_D = C_w / (2 \pi \Phi C_t h X_f^2)$。

(8) 无因次启动压力梯度：$M_D = \lambda_B C_p X_f$，$D = \dfrac{K h X_f^2}{1.842 \times 10^{-3} q \mu B} \lambda_B$。

(9) 无因次距离、宽度：$x_D = x / X_f$，$y_D = y / X_f$，$b_D = b_f / X_f$。

式中，C_t 为总压缩系数；C_{ft} 为总裂缝压缩系数；C_w 为井筒储集系数。

式(3-77)~式(3-82)可转化为无因次形式：

$$\frac{\partial^2 P_{fD}}{\partial x_D^2} + \frac{2}{F_D}\left(\frac{\partial P_D}{\partial y_D}\bigg|_{y_D = b_{D/2}} + D\right) = \frac{1}{\eta_{fD}}\frac{\partial P_{fD}}{\partial t_{fD}} \qquad (3-83)$$

初始条件：

$$P_{fD}\big|_{t_{fD}=0} = 0 \qquad (3-84)$$

内边界条件：

不考虑井筒储集效应：

$$\frac{\partial P_{fD}}{\partial x_D}\bigg|_{x_D=0} = -\frac{\pi}{F_D} \qquad (3-85)$$

考虑井筒储集效应：

$$\frac{\partial P_{fD}}{\partial x_D}\bigg|_{x_D=0} = -\frac{\pi}{F_D}\left(1 - C_D\frac{\partial P_{wD}}{\partial t_{fD}}\right) \qquad (3-86)$$

裂缝端封闭：

$$\frac{\partial P_{fD}}{\partial x_D}\bigg|_{x_D=1} = 0 \qquad (3-87)$$

2. 储层模型

地层中的流动为低速非达西流，其渗流微分方程为：

$$\frac{\partial^2 P_D}{\partial y_D^2} - M_D\frac{\partial P_D}{\partial y_D} = \frac{\partial P_D}{\partial t_{fD}} \qquad (3-88)$$

初始条件：

$$P_D\big|_{t_{fD}=0} = 0 \qquad (3-89)$$

边界条件：

不考虑表皮效应：

$$P_{fD} = P_D\big|_{y_D = b_{D/2}} \qquad (3-90)$$

$$k\left(\frac{\partial P_D}{\partial y_D}\bigg|_{y_D = b_{D/2}} + D\right) = k_f\frac{\partial P_{fD}}{\partial y_D}\bigg|_{y_D = b_{D/2}} \qquad (3-91)$$

考虑表皮效应：

$$P_{fD} = P_D\big|_{y_D = b_{D/2}} - \frac{2}{\pi}S_f\left(\frac{\partial P_D}{\partial y_D}\bigg|_{y_D = b_{D/2}} + D\right) \qquad (3-92)$$

$$\lim_{y_D \to \infty} p_D = 0 \qquad (3-93)$$

式(3-88)特征方程为:

$$
\begin{cases}
r^2 - M_D r - s = 0 \\
r_1 = \dfrac{M_D + \sqrt{M_D^2 + 4S}}{2}, \qquad r_2 = \dfrac{M_D - \sqrt{M_D^2 + 4S}}{2}
\end{cases}
\tag{3-94}
$$

将边界条件式(3-93)代入上式得:

$$
\lim_{y_D \to \infty} \bar{p}_D = C_1 e^{r_1 y_D} = 0
\tag{3-95}
$$

由式(3-95)可得,$C_1 = 0$,则式(3-94)可写为:

$$
\bar{P}_D = C_2 e^{r_2 y_D}
\tag{3-96}
$$

在 $y_D = b_D/2$ 处,对式(3-96)关于 y_D 求导:

$$
\left. \frac{\mathrm{d}\bar{P}_D}{\mathrm{d}y_D} \right|_{y_D = b_{D/2}} = C_2 r_2 e^{r_2 b_{D/2}}
\tag{3-97}
$$

由边界条件式(3-92)得:

$$
\bar{P}_{fD} = C_2 e^{r_2 b_{D/2}} - \frac{2}{\pi} S_f \left(C_2 r_2 e^{r_2 b_{D/2}} + \frac{D}{s} \right)
\tag{3-98}
$$

由上式可确定 C_2 的值:

$$
C_2 = \frac{e^{-r_2 b_{D/2}} \left(\bar{P}_{fD} + \dfrac{2}{\pi} S_f \dfrac{D}{s} \right)}{1 - \dfrac{2}{\pi} S_f r_2}
\tag{3-99}
$$

将式(3-99)的值代入式(3-97),得:

$$
\left. \frac{\mathrm{d}\bar{P}_D}{\mathrm{d}y_D} \right|_{y_D = b_{D/2}} = \frac{r_2 \left(\bar{P}_{fD} + \dfrac{2}{\pi} S_f \dfrac{D}{s} \right)}{1 - \dfrac{2}{\pi} S_f r_2}
\tag{3-100}
$$

对式(3-83)~式(3-87)取基于 t_{fD} 的 Laplace 变换:

$$
\frac{\mathrm{d}^2 \bar{P}_{fD}}{\mathrm{d}x_D^2} + \frac{2}{F_D} \left(\left. \frac{\mathrm{d}\bar{P}_D}{\mathrm{d}y_D} \right|_{y_D = b_{D/2}} + \frac{D}{s} \right) = \frac{S}{\eta_{fD}} \bar{P}_{fD}
\tag{3-101}
$$

$$
\left. \frac{\mathrm{d}\bar{P}_{fD}}{\mathrm{d}x_D} \right|_{x_D = 0} = -\frac{\pi}{F_D} \left(\frac{1}{s} - s C_D \bar{P}_{wD} \right)
\tag{3-102}
$$

$$
\left. \frac{\mathrm{d}\bar{P}_{fD}}{\mathrm{d}x_D} \right|_{x_D = 1} = 0
\tag{3-103}
$$

将式(3-100)代入式(3-101):

$$\frac{\mathrm{d}^2 \overline{P}_{fD}}{\mathrm{d}x_D^2} - \left[-\frac{2}{F_D}\left(\frac{r_2}{1-\frac{2S_f}{\pi}r_2}\right) + \frac{S}{\eta_{fD}} \right] \overline{P}_{fD} + \frac{2}{F_D}\frac{D}{s}\left(\frac{\frac{2S_f}{\pi}r_2}{1-\frac{2S_f}{\pi}r_2} + 1\right) = 0 \quad (3-104)$$

令 $\Psi = \left[-\frac{2}{F_D}\left(\frac{r_2}{1-\frac{2S_f}{\pi}r_2}\right) + \frac{S}{\eta_{fD}} \right]^{1/2}$, $\omega = -\frac{2}{F_D}\frac{D}{s}\left(\frac{\frac{2S_f}{\pi}r_2}{1-\frac{2S_f}{\pi}r_2} + 1\right)$

式(3-104)可表示为:

$$\frac{\mathrm{d}^2 \overline{P}_{fD}}{\mathrm{d}x_D^2} - \Psi^2 \overline{P}_{fD} - \omega = 0 \quad (3-105)$$

令 $Y = \overline{P}_{fD} + \frac{\omega}{\Psi^2}$,上述方程可表示为:

$$\frac{\mathrm{d}^2 Y}{\mathrm{d}x_D^2} - \Psi^2 Y = 0 \quad (3-106)$$

对式(3-106)进行求解可得:

$$Y = D_1 \mathrm{e}^{\Psi x_D} + D_2 \mathrm{e}^{-\Psi x_D} \quad (3-107)$$

即:

$$\overline{P}_{fD} = D_1 \mathrm{e}^{\Psi x_D} + D_2 \mathrm{e}^{-\Psi x_D} - \frac{\omega}{\Psi^2} \quad (3-108)$$

对上式 x_D 求导:

$$\frac{\mathrm{d}\overline{P}_{fD}}{\mathrm{d}x_D} = \Psi D_1 \mathrm{e}^{\Psi x_D} - \Psi D_2 \mathrm{e}^{-\Psi x_D} \quad (3-109)$$

由边界条件得:

$$\left.\frac{\mathrm{d}\overline{P}_{fD}}{\mathrm{d}x_D}\right|_{x_D=0} = \Psi D_1 - \Psi D_2 = -\beta\left[\frac{1}{s} - sC_D \overline{P}_{wD}\right] \quad (3-110)$$

$$\left.\frac{\mathrm{d}\overline{P}_{fD}}{\mathrm{d}x_D}\right|_{x_D=1} = \Psi D_1 \mathrm{e}^{\Psi} - \Psi D_2 \mathrm{e}^{-\Psi} = 0 \quad (3-111)$$

由以上两式求得:

$$D_1 = \frac{\beta\left[\frac{1}{s} - sC_D \overline{P}_{wD}\right]}{(\mathrm{e}^{2\Psi}-1)\Psi}, \quad D_2 = \frac{\beta\left[\frac{1}{s} - sC_D \overline{P}_{wD}\right]\mathrm{e}^{2\Psi}}{(\mathrm{e}^{2\Psi}-1)\Psi}$$

将 D_1、D_2 代入式(3-108)得：

$$\overline{P}_{fD} = \frac{\beta\left[\frac{1}{s} - sC_D\overline{P}_{wD}\right]\left[e^{\Psi x_D} + e^{2\Psi - \Psi x_D}\right]}{(e^{2\Psi} - 1)\Psi} - \frac{\omega}{\Psi^2} \qquad (3-112)$$

当 $x_D = 0$ 时，$\overline{P}_{fD} = \overline{P}_{wD}$，即：

$$\overline{P}_{wD} = \frac{\beta\left(\frac{1}{s} - sC_D\overline{P}_{wD}\right) - (1 + e^{2\Psi})}{(e^{2\Psi} - 1)\Psi} - \frac{\omega}{\Psi^2} \qquad (3-113)$$

整理可得：

$$\overline{p}_{wD} = \frac{\beta - s\frac{\omega}{\psi}\tanh\psi}{s\left[\psi\tanh\psi + \beta sC_D\right]} \qquad (3-114)$$

式中，$\Psi = \left[-\frac{2}{F_D}\left(\frac{r_2}{1 - \frac{2S_f}{\pi}r_2}\right) + \frac{S}{\eta_{fD}}\right]^{1/2}$，$\omega = -\frac{2}{F_D}\frac{D}{s}\left(\frac{\frac{2S_f}{\pi}r_2}{1 - \frac{2S_f}{\pi}r_2} + 1\right)$，$\beta = \frac{\pi}{F_D}$，

$r_2 = \frac{M_D - \sqrt{M_D^2 + 4S}}{2}$。

式(3-114)即为考虑井储和表皮效应的低速非达西有限导流垂直裂缝井无因次井底压力解。

三、低速非达西有限导流垂直裂缝井试井曲线特征

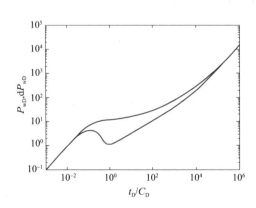

图 3-12 低速非达西流有限
导流垂直裂缝井试井曲线

低速非达西有限导流垂直裂缝井的典型试井曲线如图 3-12 所示。在早期段，受井筒储集效应和表皮效应的影响，压力和压力导数曲线合二为一，呈一定斜率上升，接下来压力导数曲线出现峰值后向下倾斜。由于储层流体在储层与裂缝中流动均为低速非达西流动，所以压力导数曲线的双线性流动阶段曲线末端上翘，拟径向流动阶段消失。受启动压力梯度的影响，压力和压力导数曲线均有上升的趋势，并且在曲线末端，压力和压力导数曲线重合，上升更加明显。

第4章　油水两相渗流基础理论

第1节　油水两相渗流试井技术发展现状

目前，大部分油藏开发已经进入中高含水期，油藏中流体的流动已经从单相流变为油水两相流动状态，用单相流的试井数学模型对地层中油水两相渗流所测得的试井数据进行解释，解释结果反映的储层和流体物性参数与实际油藏和流体物性参数存在偏差。对于注水开发油藏，地层中的流体由于水的注入由单相渗流变为油水两相渗流状态。此时，注水井所测得的试井数据如果用单相流试井数学模型进行解释，得到的解释结果会与实际储层和流体特性参数存在偏差。因此，进行油水两相渗流的试井分析对油藏开发动态监测以及生产措施调整具有重要意义。

关于多相流的渗流微分方程，首先是由 Maskat 等人在 1936 年提出的。模型为均质油藏，流体为油、气、水三相微可压缩流体，流体的流动服从线性达西渗流，忽略了重力和毛管力的影响。目前，大部分的多相流试井分析理论与方法都以 Maskat 提出的渗流微分方程为基础。1956 年，Perrine 等人提出将两相流体或者三相流体的总流度、综合压缩系数和产量等参数代替单相流体的流度、压缩系数和产量，从而采用单相流的试井分析方法对多相流的试井数据进行解释分析。1959 年，Martin 等人基于 Maskat 提出的多相渗流微分方程，通过理论推导证明了 Perrine 提出的多相流试井分析方法的正确性，并指出此方法实际上忽略了流体的饱和度梯度。Mattews 等人给出了 P – M(Perrine – Martin) 多相流分析方法中流体总流度等参数的计算方法。Raghavan 等人基于多相流试井分析方法，将气体的流量折算为液体的流量来计算总流度，提出了溶解气驱油藏的油气两相渗流的试井分析方法。AI – khalifah 等人基于 P – M 提出的压力法进行多相流试井分析，提出了压力平方试井分析方法，并指出压力平方试井分析方法优先适用于有气相存在的多相流体渗流系统，而压力方法优先适用于油水两相渗流的试井分析。Chu 等人采用有限差分方法计算得到了二维油水两相渗流过程中的井底压力响应。分析了垂向和水平方向的饱和度梯度变化对压力响应的影响。分析指出，通过 P－M 方法分析得到的单相流体的流度必须是在生产气油比正确的前提下才是可靠的。

国内也有许多学者对油水两相渗流试井分析理论进行了研究。1994 年，刘义坤等人建立了考虑井筒储存和表皮效应的两区复合油藏单相流试井数学模型，提出了均质复合油藏的试井分析方法。姚军等人建立了注水井油水两相渗流数学模型，根据 B－L 水驱油方程得到了任意时刻的含水饱和度分布，压力求解模型采用不均匀差分网格和相应的变系数隐式差分格式进行求解，并编制了相应的注水井压降试井分析软件。1997 年，成绥民等人建立了注水井试井解释数学模型，根据 B－L(Buckley－Leverett) 方程确定了注水前缘位置和含水饱和度分布。将油藏分为三个区域，一区是具有残余油饱和度的水区，二区是油水两相渗流区域，三区是具有原始含油饱和度的纯油区。建立相应的三区复合油藏油水两相渗流试井数学模型，采用玻尔兹曼变换方法和拟牛顿数值求解法对模型进行求解，分析了注水过程中油水两相同时渗流时的压力不稳态特征。1998 年，康柒虎等人提出了 3 种注水开发油藏不同的径向复合油藏模型。根据 B－L 方程确定了水驱油前缘和饱和度剖面。压力求解采用 Laplace 变换方法得到解析解，然后通过耦合求解注水油藏压降试井无因次井底压力，提出了不同组合油藏模型的注水井压降试井理论图版。

2001 年，刘立明等人建立了油水两相流数值试井数学模型，采用 PEBI 网格对油藏区域进行离散求解。通过对比分析得出，两相流试井曲线与单相流试井曲线相似，压力曲线与压力导数曲线之间相互平行。提出了一种无量纲方法，使单相流曲线与两线流曲线重合。使用此方法就可以利用现有的单相流图版对曲线进行拟合，而不用重新制作两相流图版。2001 年，艾广平等人建立了变产量油水两相渗流数值试井数学模型，采用"迎风差分网格"对建立的含水饱和度偏微分方程进行求解，采用全隐式差分格式对压力分布偏微分方程进行求解。通过与 Gringarten 图版解释结果进行对比，验证了所建模型的可靠性。2003 年，廖新维等人建立了三维油水两相渗流数值试井数学模型，并采用混合 PEBI 网格离散求解，利用建立的模型对 3 层油藏两相流试井曲线进行了分析。2007 年，向祖平等人建立了油水两相渗流数值试井数学模型，分析了不同相渗曲线对试井曲线的影响。2009年，许明静等人建立了油水两相流数值试井模型，并分析了水驱油藏未见水油井和压裂井的试井曲线特征。2010年，张冬丽等人建立了三重介质油藏油水两相渗流数值试井数学模型，并采用有限差分方法对模型进行求解。分析了相渗曲线、毛管力、初始含油饱和度和产量对试井曲线的影响。2013年，李道伦等人利用UST数值试井软件研究了油水相对渗透率曲线及不同含水饱和度比值、流体黏度和体积系数等参数对试井曲线的影响。以上学者均采用了数值方法对油水两相渗流试井数学模型进行求解，但求解过程存在计算量大、计算时间长、数值弥散等问题。

2000年，成绥民等人建立了注水井和见水油井油水两相渗流试井数学模型，得到了流体的流度与试井数据之间的关系，并提出了求取储层油水相对渗透率以及根据试井解释求取剩余油分布的方法。2003年，李晓平等人建立了考虑含水影响的油水两相不稳定渗流试井数学模型，模型考虑井筒储集和表皮效应的影响，绘制了新的油水两相渗流试井典型曲线图版。2014年，刘佳洁等人建立了考虑含水影响的注水井两区复合油藏试井数学模型并进行解析求解，模型中没有考虑注水过程中流体饱和度的变化。分析了不同含水率、含水饱和度、渗透率比值、水驱前缘半径等参数对试井曲线的影响。2017年，姜永等人建立了双重介质油藏注水井油水两相渗流试井数学模型，基于B-L水驱油理论求得任意时刻的含水饱和度分布，将压力求解模型在径向上分为多个圆环区域，然后对模型进行解析求解，分析了注水井油水两相渗流的试井曲线特征。以上学者将油水两相渗流微分方程进行化简，形成了考虑含水率变化的油水两相渗流试井分析方法。

多相流试井分析的一个重要方面就是采用复合油藏的渗流理论进行试井分析。复合油藏是指在储层中由于油藏本身物性的变化或者由于流体的注入导致储层或者流体的性质在径向上的不连续性，因此将油藏在径向上分成两个或者多个渗流区域，此时的油藏模型称为复合油藏模型。复合油藏可适用于注水、蒸汽驱、热采井或者水驱油藏等。关于注水井的试井分析，如果考虑单相流分析，那么分析理论与油井相似，不同之处是流体由油相变为水相，流量由正值变为负值，压力恢复试井变为压降试井。在注入流体与具有原始含油饱和度的区域之间存在饱和度变化，因此采用径向复合油藏进行试井分析。

早期的注水井径向复合油藏模型，是将油藏径向上分为2个或者3个区域，在每一个区域内油藏和流体的性质相同，但是区域之间流体和油藏的性质不同。

一些学者采用径向复合油藏模型对注水井的压力降落试井和压力恢复试井进行分析，并采用有限差分或者 Laplace 变换方法进行求解。但是这些模型均没有考虑注水过程中流体饱和度的变化，即注入流体以活塞式驱替方式在储层内流动，油水两相之间的界面在关井之前是静止不动的。但是，实际上由于油水两相流体性质的差异，注入水注入地层之后，在油水两相流动区域内存在饱和度梯度的变化。

Weinstein 等人采用数值模拟方法对压力降落过程进行了研究，并指出水驱前缘的位置可以通过 B－L 水驱油理论计算得到。Sosa 等人建立了油水两相径向渗流数值模拟模型，研究饱和度梯度对注水井压力降落试井的影响，同时提出油水两相流的界面位置可以按照 B－L 水驱油理论进行计算。根据一维 B－L 水驱油方程，可以得到任意时刻油水两相界面的位置，通过进一步求解得到注水过程中的含水饱和度分布，根据饱和度分布可以得到注水过程中油水两相相对渗透率、流体的流度、压缩系数等参数的变化。基于 B－L 水驱油理论和水驱油前缘追踪方法，Chen 得到了注水井压力降落和压力恢复试井数学模型的近似解析解。Boughrara 等人基于一维水驱油 B－L 驱替方程以及 Thompson 和 Reynolds 等人提出的稳态渗流理论，得到了直井和水平井注水井油水两相渗流试井数学模型的近似解析解。Zheng 等人基于 B－L 水驱油理论，采用修正的 P－M 方法和数值试井分析方法，对注水井油水两相渗流进行了分析。通过上述文献可以看出，注水过程中的含水饱和度分布可以通过 B－L 水驱油理论进行计算得到。

根据 Laplace 空间拟稳态试井分析理论，注水过程的饱和度求解过程可以与压力求解过程分别进行求解。通过 Laplace 空间有限差分方法，将压力变换到 Laplace 空间，在 Laplace 空间中所有的参数变量都是与时间无关的。因此，可以消除因为时间的离散而导致的不收敛和不稳定等问题。由于 Laplace 空间中所有的参数变量与时间无关，因此求解压力方程时含水饱和度可以看作是一个定值，与含水饱和度有关的流体的流度、压缩系数等变量也可看作是一个常量，从而得到 Laplace 空间中的无因次井底压力解。然后在进行 Laplace 反变换的过程中，考虑含水饱和度随时间的变化，从而得到实空间中考虑饱和度梯度的无因次井底压力解。

油水两相渗流试井分析的解析方法概括起来主要包括 P－M 压力方法、压力平方方法以及拟压力方法，其中压力平方试井分析方法优先适用于有气相存在的多相流体渗流系统；拟压力方法适用于油气两相渗流，运用稳态径向流动、溶解气驱条件下的油相产量公式；而压力方法优先适用于油水两相渗流的试井分析。在压力方法基础上，可以推导出考虑含水率影响的油水两相渗流分析方法和径向复合油藏分析方法。油水两相渗流试井分析也可以用考虑含水饱和度分布的半解析方法以及油水两相渗流数值求解方法进行求解。

第 2 节　油水两相渗流基础数学模型

一、油水两相稳定渗流数学模型

假设一口油水同产井位于均质、各向同性、水平等厚的无限大地层中，地层中为油水两相流动，符合达西定律，油水彼此互不相溶，忽略重力及毛管力的影响。由运动方程、状态方程及连续性方程可得油水两相稳定渗流数学模型的扩散方程为：

$$\nabla \cdot \left[\frac{K_{\mathrm{ro}}}{\mu_{\mathrm{o}} B_{\mathrm{o}}} \nabla p \right] = 0 \qquad (4-1)$$

$$\nabla \cdot \left[\frac{K_{\mathrm{rw}}}{\mu_{\mathrm{w}} B_{\mathrm{w}}} \nabla p \right] = 0 \qquad (4-2)$$

内边界条件：

$$\lim_{r \to r_{\mathrm{w}}} rh \frac{K K_{\mathrm{ro}}}{1.842 \times 10^{-3} \mu_{\mathrm{o}} B_{\mathrm{o}}} \frac{\partial p}{\partial r} = q_{\mathrm{o}} \qquad (4-3)$$

$$\lim_{r \to r_{\mathrm{w}}} rh \frac{K K_{\mathrm{rw}}}{1.842 \times 10^{-3} \mu_{\mathrm{w}} B_{\mathrm{w}}} \frac{\partial p}{\partial r} = q_{\mathrm{w}} \qquad (4-4)$$

$$p \big|_{r=r_{\mathrm{w}}} = p_{\mathrm{wf}} \qquad (4-5)$$

外边界条件：

$$p \big|_{r=r_{\mathrm{e}}} = p_{\mathrm{i}} \qquad (4-6)$$

定义油水两相拟压力为：

$$\psi = \int_0^p \left(\frac{K_{\mathrm{ro}}}{\mu_{\mathrm{o}} B_{\mathrm{o}}} + \frac{K_{\mathrm{rw}}}{\mu_{\mathrm{w}} B_{\mathrm{w}}} \right) \mathrm{d}p \qquad (4-7)$$

则式（4-1）～式（4-6）可以简化为：

$$\nabla^2 \psi = 0 \qquad (4-8)$$

$$\lim_{r \to r_w} r \frac{\partial \psi}{\partial r} = 1.842 \times 10^{-3} \frac{q_t}{Kh} \tag{4-9}$$

$$\psi(r_w) = \psi_{wf} \tag{4-10}$$

$$\psi(r_e) = \psi_i \tag{4-11}$$

式中,

$$q_t = q_o + q_w \tag{4-12}$$

对式(4-8)~式(4-11)进行求解可得:

$$\psi_i - \psi_{wf} = \frac{1.842 \times 10^{-3} q_t}{Kh} \ln \frac{r_e}{r_w} \tag{4-13}$$

二、 油水两相不稳定渗流数学模型

假设在均质、水平、等厚且各向同性的水驱油藏中有一口油水同产井,油水彼此互不相溶,油水连续流向井底并服从达西定律,原始地层压力为定值,忽略重力及毛管压力的影响。

油水两相不稳定渗流扩散方程为:

油相:

$$\nabla \cdot \left[\frac{K_{ro}}{\mu_o B_o} \nabla p \right] = \frac{\Phi}{3.6K} \frac{\partial}{\partial t} \left(\frac{S_o}{B_o} \right) \tag{4-14}$$

水相:

$$\nabla \cdot \left[\frac{K_{rw}}{\mu_w B_w} \nabla p \right] = \frac{\Phi}{3.6K} \frac{\partial}{\partial t} \left(\frac{S_w}{B_w} \right) \tag{4-15}$$

初始条件:

$$p(r, 0) = p_i \tag{4-16}$$

内边界条件:

$$\lim_{r \to r_w} rh \frac{KK_{ro}}{1.842 \times 10^{-3} \mu_o B_o} \frac{\partial p}{\partial r} = q_o \tag{4-17}$$

$$\lim_{r \to r_w} rh \frac{KK_{rw}}{1.842 \times 10^{-3} \mu_w B_w} \frac{\partial p}{\partial r} = q_w \tag{4-18}$$

外边界条件:

$$p(\infty, t) = p_i \tag{4-19}$$

根据式(4-7)油水两相拟压力的定义,式(4-14)~式(4-19)可以简化为:

$$\nabla^2 \psi = \frac{\Phi C_t}{3.6 \lambda_t} \frac{\partial p}{\partial t} \qquad (4-20)$$

$$\lim_{r \to r_w} r \frac{\partial \psi}{\partial r} = 1.842 \times 10^{-3} \frac{q_t}{Kh} \qquad (4-21)$$

$$\psi(r, 0) = \psi_i \qquad (4-22)$$

$$\psi(\infty, t) = \psi_i \qquad (4-23)$$

式中,

$$\lambda_t = \frac{K_{ro}}{\mu_o B_o} + \frac{K_{rw}}{\mu_w B_w} \qquad (4-24)$$

$$C_t = \frac{S_o}{B_o} \frac{\partial B_o}{\partial p} + \frac{S_w}{B_w} \frac{\partial B_w}{\partial p} \qquad (4-25)$$

对式(4-20)~式(4-23)进行求解可得:

$$\psi_i - \psi_{wf} = \frac{2.12 \times 10^{-3} q_t}{Kh} \left[\lg \frac{Kt}{\Phi C_t r_w^2} + \lg \left(\frac{K_{ro}}{\mu_o B_o} + \frac{K_{rw}}{\mu_w B_w} \right) + 0.9077 \right] \quad (4-26)$$

若考虑地层损害造成的表皮污染,则解的形式为:

$$\psi_i - \psi_{wf} = \frac{2.12 \times 10^{-3} q_t}{Kh} \left[\lg \frac{Kt}{\Phi C_t r_w^2} + \lg \left(\frac{K_{ro}}{\mu_o B_o} + \frac{K_{rw}}{\mu_w B_w} \right) + 0.87S + 0.9077 \right]$$

$$(4-27)$$

第3节　考虑含水影响的油水两相渗流试井分析

水驱油藏油水两相渗流特征可以分为两种情形予以描述。第一种情形是边底水已经侵入油区,在生产压差作用下,侵入油区的水与油一起流向井底,即地层中存在油水两相流动。这种情形在油田开发中后期普遍存在,此时的试井资料无法用单相流试井分析方法来解释,即使将水量折算为油产量,再用单相流试井分析方法来解释,其结果也不可靠。因此,必须研究油水两相渗流的试井分析方法。第二种情形是将边水油藏视为复合水驱油藏,即内区为纯油流动,外区为纯水流动。针对这样的问题,考虑井筒储存和表皮效应的影响,研究渗流理论及试井分析方法问题。下面首先研究受含水影响下的油水两相流的渗流理论,形成相应的不稳定试井分析理论与方法。

一、数学模型

假设在均质、水平、等厚、无限大水驱油藏中心有一口油水同产井,油水彼此互不相溶，油水连续流向井底并服从达西定律，原始地层压力为定值，忽略重力及毛管压力的影响。

根据油水两相渗流理论，可得到渗流控制方程如下：

$$\nabla \cdot \left[\frac{K_{ro}}{\mu_o B_o} \nabla p\right] = \frac{\Phi}{3.6K} \frac{\partial}{\partial t}\left(\frac{S_o}{B_o}\right) \tag{4-28}$$

$$\nabla \cdot \left[\frac{K_{rw}}{\mu_w B_w} \nabla p\right] = \frac{\Phi}{3.6K} \frac{\partial}{\partial t}\left(\frac{S_w}{B_w}\right) \tag{4-29}$$

初始条件：

$$p(r, 0) = p_i \tag{4-30}$$

内边界条件：

$$\Delta p_w = \Delta p + r_w \left(\frac{\partial P}{\partial r}\right)_{r_w} S \tag{4-31}$$

$$q_{sf} = q_t + 24C \frac{dp_w}{dt} \tag{4-32}$$

外边界条件：

$$P(\infty, t) = P_i \tag{4-33}$$

砂面流量：

$$q_{sf} = \frac{rh\lambda_t}{1.842 \times 10^{-3}} \frac{\partial p_w}{\partial r} \tag{4-34}$$

两相流度：

$$\lambda_t = K\left(\frac{K_{ro}}{\mu_o} + \frac{K_{rw}}{\mu_w}\right) \tag{4-35}$$

定义油水两相表皮系数：

$$S = \frac{h\lambda_t}{1.842 \times 10^{-3} q_{sf}}(p_f - p_{wf}) \tag{4-36}$$

式中，K 为油藏绝对渗透率，μm^2；K_{ro}，K_{rw} 分别为油相和水相的相对渗透率，μm^2；μ_o，μ_w 分别为油相和水相的黏度，$mPa \cdot s$；B_o，B_w 分别为油相和水相的体积系数；S_o，S_w 分别为油相和水相的饱和度；P_i，P_w 分别为油藏中的原始压力、井底压力，MPa；q_1，q_{sf} 分别为油水的总产量、砂面总流量，m^3/d；r，r_w 分别为径向距离、油井半径，m；h 为油藏有效厚度，m；C 为井筒储存系数，m^3/MPa；Φ 为油藏孔隙度，%；S 为表皮系数。

定义以下无因次量：

$$P_D = \frac{\lambda_o h (P_i - P_j)}{1.842 \times 10^{-3} q_t}, \quad t_D = \frac{3.6 \lambda_o t}{\Phi C_t r_w^2}, \quad r_D = \frac{r}{r_w}, \quad C_D = \frac{C}{2\pi \Phi C_t h r_w^2}$$

式中，λ_o 为油的流度，$\mu m^2 / mPa \cdot s$；j 为 o、w；D 为无因次量。

式（4-28）~式（4-36）可写成无因次形式：

$$\frac{\partial^2 P_D}{\partial r_D^2} + \frac{1}{r_D} \frac{\partial P_D}{\partial r_D} = (1 - f_w) \frac{\partial P_D}{\partial t_D} \qquad (4-37)$$

$$P_D(r_D, 0) = 0 \qquad (4-38)$$

$$P_{wD} = \left[P_D - S \frac{\partial P_D}{\partial r_D} \right]_{r_D = 1} \qquad (4-39)$$

$$\left[C_D \frac{dp_{wD}}{dt_D} - \frac{1}{(1-f_w)} \frac{\partial p_D}{\partial r_D} \right]_{r_D = 1} = 1 \qquad (4-40)$$

$$p_D(\infty, t_D) = 0 \qquad (4-41)$$

其中：

$$f_w = \frac{K_w / \mu_w}{K_0 / \mu_0 + K_w / \mu_w} \qquad (4-42)$$

定义有效井径：

$$r_{we} = r_w e^{-S}, \quad r_{De} = \frac{r}{r_{we}}, \quad r_{De} = r_D e^S, \quad t_{De} = t_D e^{2S}, \quad C_{De} = C_D e^{2S}$$

则无因次有效井径数学模型为：

$$\frac{\partial^2 P_D}{\partial r_{De}^2} + \frac{1}{r_{De}} \frac{\partial P_D}{\partial r_{De}} = \frac{(1 - f_w)}{C_{De}} \frac{\partial P_D}{\partial (t_{De}/C_{De})} \qquad (4-43)$$

$$p_D(r_{De}, 0) = 0 \qquad (4-44)$$

$$\left[\frac{dp_{wD}}{d(t_{De}/C_{De})} - \frac{1}{(1-f_w)} \frac{\partial P_D}{\partial r_{De}} \right]_{r_{De} = 1} = 1 \qquad (4-45)$$

$$p_D(\infty, t_{De}) = 0 \qquad (4-46)$$

$$P_{wD} = P_D \big|_{r_{De} = 1} \qquad (4-47)$$

对式（4-43）~式（4-47）作 $t_{De}/C_{De} \rightarrow \bar{s}$ 的 Laplace 变换得：

$$\frac{\partial^2 \bar{p}_D}{\partial r_{De}^2} + \frac{1}{r_{De}} \frac{\partial \bar{p}_D}{\partial r_{De}} = (1 - f_w) \frac{\bar{s}}{C_{De}} \bar{p}_D \qquad (4-48)$$

$$\left[s \bar{p}_{wD} - \frac{1}{(1-f_w)} \frac{\partial \bar{p}_D}{\partial r_{De}} \right]_{r_{De} = 1} = \frac{1}{\bar{s}} \qquad (4-49)$$

$$\bar{p}_D(\infty, \bar{s}) = 0 \qquad (4-50)$$

$$\bar{p}_{wD} = \bar{p}_D \big|_{r_{De}=1} \tag{4-51}$$

对式(4-48)~式(4-51)进行求解可得：

$$\bar{p}_D = AI_0\left[r_{De}\sqrt{(1-f_w)\bar{s}/C_{De}}\right] + BK_0\left[r_{De}\sqrt{(1-f_w)\bar{s}/C_{De}}\right] \tag{4-52}$$

将式(4-50)代入上式中可得，$A=0$。则式(4-52)可写为：

$$\bar{p}_D = BK_0\left[r_{De}\sqrt{(1-f_w)\bar{s}/C_{De}}\right] \tag{4-53}$$

将式(4-49)、式(4-51)代入上式可得：

$$\bar{p}_{wD} = BK_0\left[\sqrt{(1-f_w)\bar{s}/C_{De}}\right] \tag{4-54}$$

$$\bar{s}\,\bar{p}_{wD} + \frac{1}{(1-f_w)}\left\{B\sqrt{(1-f_w)\bar{s}/C_{De}}K_1\left[\sqrt{(1-f_w)\bar{s}/C_{De}}\right]\right\} = \frac{1}{\bar{S}} \tag{4-55}$$

将式(4-54)与式(4-55)联立，可得无因次井底压力表达式：

$$\bar{p}_{wD} = \frac{K_0\left[\sqrt{(1-f_w)\bar{s}/C_{De}}\right]}{\bar{s}\left\{\bar{s}K_0\left[\sqrt{(1-f_w)\bar{s}/C_{De}}\right] + \frac{1}{(1-f_w)}\left[\sqrt{(1-f_w)\bar{s}/C_{De}}K_1\left(\sqrt{(1-f_w)\bar{s}/C_{De}}\right)\right]\right\}} \tag{4-56}$$

当 $f_w = 0$ 时，式(4-56)变为单相渗流无因次井底压力解：

$$\bar{p}_{wD} = \frac{K_0\left(\sqrt{\bar{s}/C_{De}}\right)}{\bar{s}\left\{\bar{s}K_0\left(\sqrt{\bar{s}/C_{De}}\right) + \sqrt{\bar{s}/C_{De}}K_1\left(\sqrt{\bar{s}/C_{De}}\right)\right\}} \tag{4-57}$$

二、油水两相渗流试井曲线分析

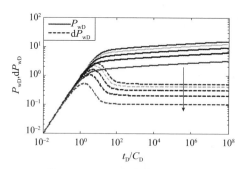

图4-1　不同含水率油水两相渗流试井特征曲线

如图4-1所示，曲线从上向下分别表示含水率值为0、20%、40%、60%、80%情形下的试井特征曲线。从图中可以看出，无论含水率有多大，压力导数曲线总的特征为：早期为纯井筒储存阶段，表现为单位斜率的直线，与单相流体渗流特征相同；其后是受表皮影响的过渡阶段；最后为径向流阶段，表现为斜率值是 $(1-f_w)/2$ 的水平线。当不存在油水两相流动即油井不产水，$f_w=0$ 时，则径向流水平线的值为0.5；而当出现油水两相流动且含水率为20%时，径向流水平线值为0.4；当含水率为80%时，径向流水平线的值为0.1。随着含水率的增加，曲线整体向下移动，含水率越大，曲线下移越明显。

第 4 节　复合水驱油藏油水两相渗流试井分析

一、　复合油藏物理模型

复合水驱油藏中心有一口生产井定产量生产（如图 4 - 2 所示），将油藏区域分为内区和外区两个区域，内区为油相渗流区域，半径 r 的范围为 $r_w < r < r_1$，地层及流体的物性参数为 K_1、Φ_1、μ_1、C_{t1}。外区为水相渗流区域，半径 r 的范围为 $r_1 < r < r_e$，地层及流体的物性参数为 K_2、Φ_2、μ_2、C_{t2}。

基本假设条件：

（1）地层水平、均质、等厚、各向同性；

（2）开井前地层各处压力相等且为原始地层压力；

（3）油井以恒定产量投产；

（4）内外区的流动均服从达西定律；

（5）考虑井筒储存和表皮效应；

（6）两相渗流区界面上不存在附加压降；

（7）忽略重力影响。

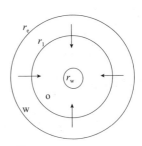

图 4 - 2　复合油藏物理模型示意图

二、渗流数学模型

复合水驱油藏径向渗流基本微分方程：

$$\frac{\partial^2 p_1}{\partial r^2} + \frac{1}{r}\frac{\partial p_1}{\partial r} = \frac{\Phi_1 \mu_1 C_{t1}}{3.6K}\frac{\partial p_1}{\partial t} \qquad (4-58)$$

$$\frac{\partial^2 p_2}{\partial r^2} + \frac{1}{r}\frac{\partial p_2}{\partial r} = \frac{\Phi_2 \mu_2 C_{t2}}{3.6K}\frac{\partial p_2}{\partial t} \qquad (4-59)$$

初始条件：

$$p_1(r,\ 0) = p_2(r,\ 0) = p_i \qquad (4-60)$$

内边界条件：

$$\Delta p_w = \Delta p_1 + r_w \left(\frac{\partial p_1}{\partial r}\right)_{r_w} S \qquad (4-61)$$

$$q_{sf} = q_t + 24C\frac{dp_w}{dt} \qquad (4-62)$$

$r = a$ 处：

$$2\pi rh \frac{K_1}{\mu_1} \frac{\partial p_1}{\partial r} = 2\pi rh \frac{K_2}{\mu_2} \frac{\partial p_2}{\partial r} \qquad (4-63)$$

$$p_1(a, t) = p_2(a, t) \qquad (4-64)$$

外边界条件：

$$p_2(\infty, t) = p_i \qquad (4-65)$$

$$\left. \frac{\partial p_2}{\partial r} \right|_{r=r_e} = 0 \qquad (4-66)$$

$$p_2(r_e, t) = p_i \qquad (4-67)$$

定义无因次量：

$$p_{jD} = \frac{K_1 h (p_i - p_j)}{1.842 \times 10^{-3} q\mu_1 B_1}, \quad t_D = \frac{3.6 K_1 t}{\Phi_1 \mu_1 C_{t1} r_w^2}, \quad C_D = \frac{C}{2\pi \Phi_1 C_{t1} h r_w^2}$$

$$\delta = \frac{(\Phi_2 \mu_2 C_{t2})/K_2}{(\Phi_1 \mu_1 C_{t1})/K_1}, \quad r_D = \frac{r}{r_w}, \quad a_D = \frac{a}{r_w}, \quad r_{eD} = \frac{r_e}{r_w}$$

定义无因次有效井径：

$$r_{we} = r_w e^{-s}, \quad r_{De} = \frac{r}{r_w}, \quad r_{De} = r_D e^s, \quad t_{De} = t_D e^{2s}, \quad C_{De} = C_D e^{2s}, \quad a_{De} = a_D e^s$$

根据以上定义，式（4-58）～式（4-67）可转化为无因次有效井径数学模型：

$$\frac{\partial^2 P_{1D}}{\partial r_{De}^2} + \frac{1}{r_{De}} \frac{\partial P_{1D}}{\partial r_{De}} = \frac{1}{C_{De}} \frac{\partial P_{1D}}{\partial(t_{De}/C_{De})} \qquad (4-68)$$

$$\frac{\partial^2 P_{2D}}{\partial r_{De}^2} + \frac{1}{r_{De}} \frac{\partial P_{2D}}{\partial r_{De}} = \frac{\delta}{C_{De}} \frac{\partial P_{2D}}{\partial(t_{De}/C_{De})} \qquad (4-69)$$

$$P_{1D}(r_{De}, 0) = P_{2D}(r_{De}, 0) = 0 \qquad (4-70)$$

$$P_{wD} = P_{1D}\big|_{r_{De}=1} \qquad (4-71)$$

$$\left[\frac{\mathrm{d}P_{wD}}{\mathrm{d}(t_{De}/C_{De})} - \frac{\partial P_D}{\partial r_{De}} \right]_{r_{De}=1} = 1 \qquad (4-72)$$

$$\frac{\partial P_{1D}}{\partial r_{De}} = \frac{1}{\lambda} \frac{\partial P_{2D}}{\partial r_{De}} \bigg|_{r_{De}=a_{De}} \qquad (4-73)$$

$$P_{1D}(a_{De}, t_{De}) = P_{2D}(a_{De}, t_{De}) \qquad (4-74)$$

$$P_{2D}(\infty, t_{De}) = 0 \qquad (4-75)$$

$$\frac{\partial P_{2D}}{\partial r_{De}} \bigg|_{r_{De}=r_{eD}} \qquad (4-76)$$

$$P_{2D}(r_{eD}, t_{De}) = 0 \qquad (4-77)$$

式中，$\lambda = \dfrac{K_1}{\mu_1} \bigg/ \dfrac{K_2}{\mu_2}$；$\delta$ 为油水传导系数比。

对式(4-68)~式(4-77)作 $t_{\mathrm{De}}/C_{\mathrm{De}} \sim \bar{s}$ 的 Laplace 变换得：

$$\frac{\partial^2 \bar{p}_{1\mathrm{D}}}{\partial r_{\mathrm{De}}^2} + \frac{1}{r_{\mathrm{De}}} \frac{\partial \bar{p}_{1\mathrm{D}}}{\partial r_{\mathrm{De}}} = \frac{\bar{s}}{C_{\mathrm{De}}} \bar{p}_{1\mathrm{D}} \tag{4-78}$$

$$\frac{\partial^2 \bar{p}_{2\mathrm{D}}}{\partial r_{\mathrm{De}}^2} + \frac{1}{r_{\mathrm{De}}} \frac{\partial \bar{p}_{2\mathrm{D}}}{\partial r_{\mathrm{De}}} = \frac{\bar{s}\delta}{C_{\mathrm{De}}} \bar{p}_{2\mathrm{D}} \tag{4-79}$$

$$\bar{p}_{\mathrm{wD}} = \bar{p}_{1\mathrm{D}} \big|_{r_{\mathrm{De}}=1} \tag{4-80}$$

$$\left(\bar{s}\,\bar{p}_{\mathrm{wD}} - \frac{\partial \bar{p}_{1\mathrm{D}}}{\partial r_{\mathrm{De}}} \right)_{r_{\mathrm{De}}=1} = \frac{1}{\bar{s}} \tag{4-81}$$

$$\frac{\partial \bar{p}_{1\mathrm{D}}}{\partial r_{\mathrm{De}}} = \frac{1}{\lambda} \frac{\partial \bar{p}_{2\mathrm{D}}}{\partial r_{\mathrm{De}}} \bigg|_{r_{\mathrm{De}}=a_{\mathrm{De}}} \tag{4-82}$$

$$\bar{p}_{1\mathrm{D}}(a_{\mathrm{De}}, \bar{s}) = \bar{p}_{2\mathrm{D}}(a_{\mathrm{De}}, \bar{s}) \tag{4-83}$$

$$\bar{p}_{2\mathrm{D}}(\infty, \bar{s}) = 0 \tag{4-84}$$

$$\frac{\partial \bar{p}_{2\mathrm{D}}}{\partial r_{\mathrm{De}}} \bigg|_{r_{\mathrm{De}}=r_{\mathrm{eD}}} = 0 \tag{4-85}$$

$$\bar{p}_{2\mathrm{D}}(r_{\mathrm{eD}}, \bar{s}) = 0 \tag{4-86}$$

由式(4-78)可得：

$$\bar{p}_{1\mathrm{D}} = A I_0(r_{\mathrm{De}} \sqrt{\bar{s}/C_{\mathrm{De}}}) + B K_0(r_{\mathrm{De}} \sqrt{\bar{s}/C_{\mathrm{De}}}) \tag{4-87}$$

由式(4-79)可得：

$$\bar{p}_{2\mathrm{D}} = C I_0(r_{\mathrm{De}} \sqrt{\delta \bar{s}/C_{\mathrm{De}}}) + D K_0(r_{\mathrm{De}} \sqrt{\delta \bar{s}/C_{\mathrm{De}}}) \tag{4-88}$$

由式(4-84)可得：当 $r_{\mathrm{De}} \to \infty$，$I_0(x) \to \infty$，$K_0(x) \to 0$，要使上式成立，必须式中的 $C=0$，则式(4-88)变为：

$$\bar{p}_{2\mathrm{D}} = D K_0(r_{\mathrm{De}} \sqrt{\delta \bar{s}/C_{\mathrm{De}}}) \tag{4-89}$$

将式(4-80)代入式(4-87)中可得：

$$\bar{p}_{\mathrm{wD}} = A I_0(\sqrt{\bar{s}/C_{\mathrm{De}}}) + B K_0(\sqrt{\bar{s}/C_{\mathrm{De}}}) \tag{4-90}$$

将式(4-81)代入式(4-87)中可得：

$$\bar{s}\,\bar{p}_{\mathrm{wD}} - \sqrt{\bar{s}/C_{\mathrm{De}}}[A I_1(\sqrt{\bar{s}/C_{\mathrm{De}}}) + B K_1(\sqrt{\bar{s}/C_{\mathrm{De}}})] = \frac{1}{\bar{s}} \tag{4-91}$$

将式(4-87)、式(4-89)代入式(4-82)中可得：

$$A I_1(a_{\mathrm{De}} \sqrt{\bar{s}/C_{\mathrm{De}}}) - B K_1(a_{\mathrm{De}} \sqrt{\bar{s}/C_{\mathrm{De}}}) = -\frac{D\sqrt{\delta}}{\lambda} K_1(a_{\mathrm{De}} \sqrt{\delta \bar{s}/C_{\mathrm{De}}}) \tag{4-92}$$

将式(4-87)、式(4-89)代入式(4-83)中可得：

$$A I_0(a_{\mathrm{De}} \sqrt{\bar{s}/C_{\mathrm{De}}}) + B K_0(a_{\mathrm{De}} \sqrt{\bar{s}/C_{\mathrm{De}}}) = D K_0(a_{\mathrm{De}} \sqrt{\delta \bar{s}/C_{\mathrm{De}}}) \tag{4-93}$$

联立式(4-90)~式(4-93)可得无因次井底压力表达式：

$$\bar{P}_{wD} = \cfrac{1}{\bar{s}\left\{\bar{s} - \sqrt{\bar{s}/C_{De}}\left[\cfrac{MI_1(\sqrt{\bar{s}/C_{De}}) - NK_1(\sqrt{\bar{s}/C_{De}})}{MI_0(\sqrt{\bar{s}/C_{De}}) + NK_0(\sqrt{\bar{s}/C_{De}})}\right]\right\}} \qquad (4-94)$$

式中，

$$M = K_1(a_{De}\sqrt{\bar{s}/C_{De}})K_0(a_{De}\sqrt{\delta\bar{s}/C_{De}}) - \frac{\sqrt{\delta}}{\lambda}K_1(a_{De}\sqrt{\delta\bar{s}/C_{De}})K_0(a_{De}\sqrt{\bar{s}/C_{De}})$$

$$\qquad (4-95)$$

$$N = I_1(a_{De}\sqrt{\bar{s}/C_{De}})K_0(a_{De}\sqrt{\delta\bar{s}/C_{De}}) + \frac{\sqrt{\delta}}{\lambda}I_0(a_{De}\sqrt{\bar{s}/C_{De}})K_1(a_{De}\sqrt{\delta\bar{s}/C_{De}})$$

$$\qquad (4-96)$$

三、无限大复合水驱油藏试井曲线特征分析

1. 无限大复合水驱油藏典型试井曲线

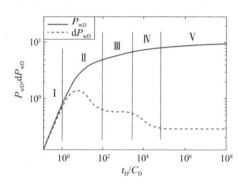

图 4-3 无限大复合水驱油藏典型试井曲线

图 4-3 为油水传导系数比为 0.5、油区无因次半径为 1000、无因次井筒储集系数为 100、油水流度比为 0.5 时的试井特征曲线。从图中可以看出，压力导数曲线可以划分为 5 个明显的流动阶段：第 I 阶段纯井筒储集效应影响阶段，此时压力和压力导数合二为一，呈 45° 直线；第 II 阶段为受表皮和井筒储集效应共同影响阶段，压力导数峰值的高低取决于参数 C_De^{2s} 值的大小，参数值越大，则峰值越高，下倾越陡，且峰值出现时间较迟；第 III 阶段压力导数为一条水平直线，此时为油区径向流动阶段；第 IV 阶段是由内区向外区流动的过渡流动阶段；第 V 阶段为外区径向流动阶段，压力导数曲线表现为一水平直线段。外区径向流动阶段开始时间与内区半径有关。

2. 不同无因次井筒储集系数试井特征曲线

图 4-4 中曲线从右向左分别表示无因次井筒储集系数值为 10^2、10^3、10^4、10^5 条件下的试井特征曲线。随着无因次井筒储集系数值的增大，压力导数的峰值越高，压力导数曲线水平段出现的时间提前，内区径向流动阶段会变小甚至被覆盖，直接进入系统径向流动阶段。

3. 不同油区半径试井特征曲线

图 4 - 5 中曲线从左向右分别表示无因次油区半径值为 10、10^2、10^3、10^4 条件下的试井特征曲线。从图中可以看出,内区半径主要对内区径向流动阶段产生影响。内区半径越大,内区径向流动时间越长,外区径向流动出现得越晚。

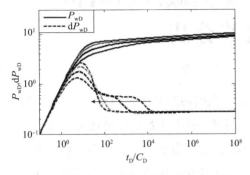

图 4 - 4　不同井筒储集系数试井曲线图版 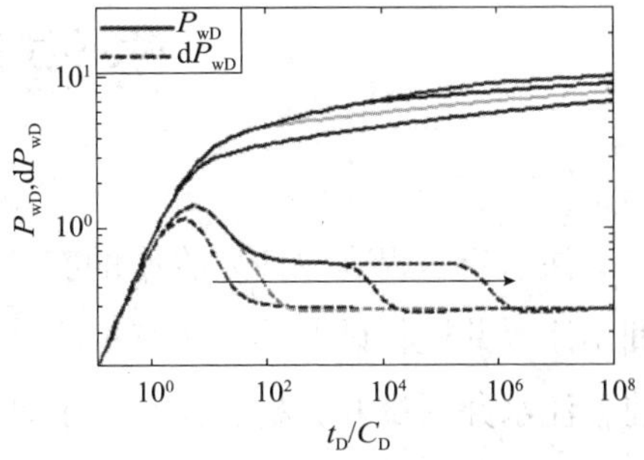　　图 4 - 5　不同油区半径试井曲线图版

4. 不同油水流度比试井特征曲线

图 4 - 6 中曲线从下向上分别表示油水流度比值为 0.2、0.4、0.6、0.8 条件下的试井特征曲线。油水流度比主要对内区向外区过渡流动阶段以及外区径向流动阶段产生影响。随着油水流度比的增大,过渡流动阶段越不明显,外区径向流动阶段曲线向上移动。

5. 不同油水传导系数比试井特征曲线

图 4 - 7 中曲线从上到下分别表示油水传导系数比值为 0.1、1、2、5 条件下的试井特征曲线。油水传导系数比主要对内区径向流动阶段以及内区向外区流动的过渡阶段产生影响。油水传导系数比越大,油区径向流动时间越短,过渡阶段曲线下凹的程度越大。

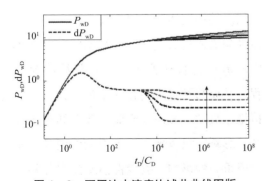

图 4 - 6　不同油水流度比试井曲线图版 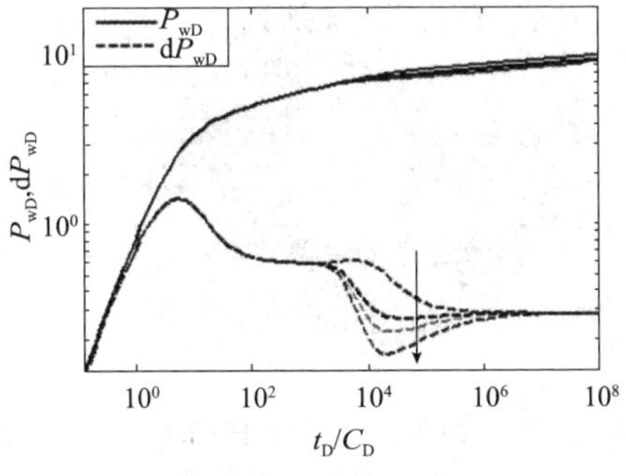　　图 4 - 7　不同油水传导系数比试井曲线图版

第 5 章　双孔单渗油藏油水两相渗流试井分析

注水作为提高原油采收率的有效方法，在国内外各大油田得到了广泛应用。利用注水井进行试井分析具有工艺简单、测试方便及不影响油井产量的优点。目前，注水井的试井分析主要是基于单相渗流的试井分析方法，采用复合油藏试井模型进行分析。但是在实际注水过程中，由于油水性质的差异，会形成流体饱和度梯度。因此，对于注水井采用油水两相试井分析方法进行分析，得到的结果更加精确。

第 1 节　裂缝性油藏油水两相渗流物理模型

裂缝性油藏中心有一口注水井按照一定量进行注水，将油藏分成 3 个区域。其中一区为高含水区域，二区为油水两相过渡区，三区为注入水未波及的具有原始含油饱和度的油区。裂缝性油藏主要存在基质和裂缝两种孔隙介质，因此采用

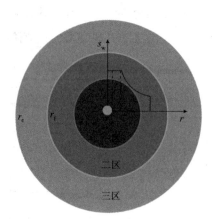

**图 5 - 1　裂缝性油藏
注水井物理模型示意图**

Warren - Root 提出的双孔单渗模型对裂缝性油藏进行描述。油藏为水平、均质、等厚、无限大地层，上下具有良好的不渗透隔层。储层流体为微可压缩流体，注入流体径向流入地层，在裂缝系统与基质系统中的流动符合达西定律，为等温渗流过程。基质与裂缝之间存在窜流，且流动为拟稳态流动。考虑井筒储集效应和表皮效应的影响，只考虑二维平面上的流动，不考虑重力的影响。裂缝性油藏注水井物理模型示意图如图 5 - 1 所示。

第2节 注水井饱和度求解数学模型

裁缝性油藏在注水过程中，注入水首先进入裂缝，驱替裂缝中的原油。此时，基质周围的裂缝中充满水，在毛管力的作用下，水从裂缝进入基质，通过渗吸作用，将基质中的原油驱替到裂缝中。Arnofsky 假定被水包围的基质岩块的累积采油量是关于时间的连续单调函数并且收敛于某极限值，得到了裂缝性油藏累积采油量与时间的指数型经验公式：

$$R = R_{\infty}(1 - e^{-R_c t}) \tag{5-1}$$

其中，

$$R_{\infty} = \Phi_{m}(1 - s_{orm} - s_{wcm}) \tag{5-2}$$

$$R = \Phi_{m}(s_{wm} - s_{wcm}) \tag{5-3}$$

式中，R 为采收率，%；R_c 为渗吸强度系数，1/d；R_{∞} 为最终累积采出程度，%；Φ_{m} 为基质系统孔隙度，%；S_{orm} 为基质系统残余油饱和度，%；S_{wcm} 为基质系统束缚水饱和度，%；S_{wm} 为基质系统含水饱和度，%。

Arnofsky 的指数型经验公式是在静态渗吸的条件下得到的，而在注水过程中，裂缝性油藏基质周围的裂缝中含水饱和度是不断变化的。基于此，De Swaan 考虑裂缝中的含水饱和度变化，提出了新的积分形式的渗吸经验公式：

$$q_{m} = R_c R_{\infty} \int_0^t e^{-R_c(t-\tau)} \frac{\partial s_{wf}}{\partial \tau} d\tau \tag{5-4}$$

式中，q_{m} 为渗吸采收率，%；S_{wf} 为裂缝系统中的含水饱和度，%。

双孔单渗模型中存在相互正交的基质系统和裂缝系统。裂缝系统作为流体的流动通道，注入水进入地层以后，首先驱出裂缝中的原油，此时裂缝中的含水饱和度上升。由于毛管力渗吸作用，注入水进入基质岩块，排驱其中的原油。忽略基岩系统内部的流动，基质系统看作向裂缝系统补给的"源"。根据裂缝中的体积守恒，结合径向水驱油 B - L 方程和渗吸经验公式，得到双孔单渗油藏径向流动 B - L 方程。

裂缝系统：

$$-\frac{q}{2\pi rh} \frac{\partial s_{wf}}{\partial r} - R_c R_{\infty} \int_0^t e^{-R_c(t-\tau)} \frac{\partial s_{wf}}{\partial \tau} d\tau = \Phi_f \frac{\partial s_{wf}}{\partial t} \tag{5-5}$$

基质系统：

$$R_c R_{\infty} \int_0^t e^{-R_c(t-\tau)} \frac{\partial s_{wf}}{\partial \tau} d\tau = \Phi_{m} \frac{\partial s_{wm}}{\partial t} \tag{5-6}$$

初始条件：

$$s_{wf}(r, t=0) = 0 \qquad (5-7)$$

边界条件：

$$s_{wf}(r=0, t) = 1 \qquad (5-8)$$

式中，q 为日注水量，m^3/d；H 为储层厚度，m；r 为径向距离，m；r_w 为井径，m；Φ_f 为裂缝系统孔隙度，%。

引入 Laplace 变量 z_1，对式(5-5)、式(5-6)和式(5-8)进行 Laplace 变换并代入初始条件可得：

$$-\frac{q}{2\pi rh}\frac{\partial \bar{s}_{wf}}{\partial r} - R_c R_\infty \frac{z_1 \bar{s}_{wf}}{R_c + z_1} = \Phi_f z_1 \bar{s}_{wf} \qquad (5-9)$$

$$R_c R_\infty \frac{z_1 \bar{s}_{wf}}{R_c + z_1} = \Phi_m z_1 \bar{s}_{wm} \qquad (5-10)$$

$$\bar{s}_{wf}(r=0) = \frac{1}{z_1} \qquad (5-11)$$

式中，z_1 为 Laplace 变量；$\bar{s}_{wf}$ 为 Laplace 空间裂缝系统含水饱和度，%；$\bar{s}_{wm}$ 为 Laplace 空间基质系统含水饱和度，%。

通过积分求解，并代入边界条件可得 Laplace 空间中裂缝系统与基质系统的含水饱和度变化公式：

$$\bar{s}_{wf} = \frac{1}{z_1} e^{-\left(\frac{z_1 \beta}{R_c + z_1} + z_1 \alpha\right)} \qquad (5-12)$$

$$\bar{s}_{wm} = \frac{s_{wm}(r, t=0)}{z_1} + \frac{R_c R_\infty}{\Phi_m} \frac{e^{-\left(\frac{z_1 \beta}{R_c + z_1} + z_1 \alpha\right)}}{z_1(R_c + z_1)} \qquad (5-13)$$

式中，

$$\alpha = \frac{\pi hr^2}{q}\Phi_f \qquad (5-14)$$

$$\beta = \frac{\pi hr^2}{q}R_c R_\infty \qquad (5-15)$$

通过 Laplace 反演，可以得到实空间中基质与裂缝系统中含水饱和度变化公式：

$$s_{wf}(r,t) = \begin{cases} 0 & (t < \alpha) \\ e^{-\beta}\left[e^{-R_c(t-\alpha)} I_0\left[2\sqrt{\beta R_c(t-\alpha)} \right] + \right. \\ \left. R_c \int_\alpha^t e^{-R_c(\tau-\alpha)} I_0\left[2\sqrt{\beta R_c(\tau-\alpha)} \right] d\tau \right] & (t \geq \alpha) \end{cases} \qquad (5-16)$$

$$s_{wm}(r,t) = \begin{cases} s_{wcm} \ (t < \alpha) \\ s_{wcm} + (1 - s_{orm} - s_{wcm})R_c e^{-\beta} \int_\alpha^t e^{-R_c(\tau-\alpha)} I_0 \left[2 \sqrt{\beta R_c(\tau-\alpha)}\right] d\tau (t \geqslant \alpha) \end{cases}$$

$$(5-17)$$

根据裂缝性油藏注水井渗吸数学模型得到的解析解,可得到注水井注水过程中基质系统与裂缝系统中的含水饱和度分布,应用渗吸数学模型计算注水过程中的饱和度分布所使用的参数如表5-1所示。图5-2和图5-3为不同渗吸强度系数条件下,注水过程中裂缝系统与基质系统中的含水饱和度分布图。

表5-1　裂缝性油藏饱和度分布计算参数

油藏参数	取值	油藏参数	取值
储层厚度/m	10	束缚水饱和度/%	20
裂缝孔隙度/%	3	残余油饱和度/%	14
基质孔隙度/%	27	渗吸强度系数/d^{-1}	0, 0.001, 0.01, 0.1, 1
日注水量/(m^3/d)	30		

图5-2和图5-3为注水井注入100d后,渗吸强度系数分别为0、0.001、0.01、0.1和1时,双孔单渗油藏裂缝系统和基质系统中的含水饱和度分布图。通过两图对比可以看出,当渗吸强度系数为0,即不考虑渗吸时,水在裂缝中的驱替过程相当于活塞式驱替,裂缝水淹较快,水驱替后裂缝中含水饱和度达到最大含水饱和度值。在驱替前沿处,含水饱和度存在一个突变。基质中的含水饱和度基本没有发生变化,含水饱和度值为束缚水饱和度。表明当不考虑渗吸时,注入水沿裂缝突进,只能驱替出裂缝中的原油,基质中的原油基本不能被采出,驱油效果较差。

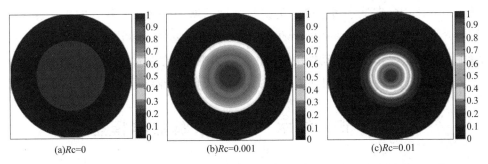

(a)Rc=0　　　　　　(b)Rc=0.001　　　　　　(c)Rc=0.01

图5-2　不同渗吸强度系数条件下裂缝系统中的含水饱和度分布

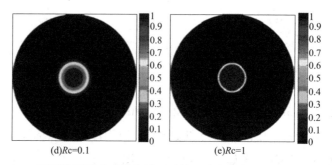

(d)Rc=0.1   (e)Rc=1

图 5 -2   不同渗吸强度系数条件下裂缝系统中的含水饱和度分布 (续)

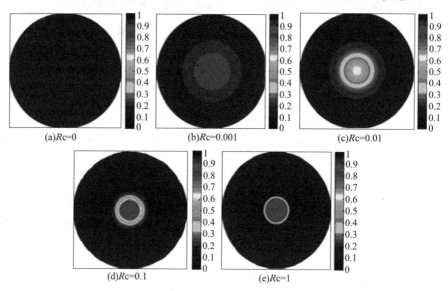

(a)Rc=0   (b)Rc=0.001   (c)Rc=0.01

(d)Rc=0.1   (e)Rc=1

图 5 -3   不同渗吸强度系数条件下基质系统中的含水饱和度分布

从图 5 -3 可以看出,当渗吸强度系数不为 0 时,注入裂缝中的水会通过毛管力渗吸作用进入基质,基质中的原油被驱替到裂缝中,从而抑制裂缝中水的突进,使裂缝中含水上升变缓。在油水界面处含水饱和度没有发生突变,而是逐渐缓慢地变化,存在油水过渡带。随渗吸强度的增加,油水两相区的扩大速度变慢,含水上升速度变缓,裂缝中的水能够充分进入基质,驱替出更多的原油。裂缝中的原油主要靠水的驱动作用采出,而基质中的原油主要靠毛管力渗吸作用驱出。表明对于裂缝性亲水油藏,毛管力渗吸作用是水驱油的主要动力。

第 3 节   注水井压力求解数学模型

根据注水井饱和度模型求解结果,可以得到注水井油水两相渗流过程中裂缝系统与基质系统的含水饱和度分布。将其代入到注水井压力求解数学模型中,从而得到注水过程中不断变化的油藏参数值，如油水两相相对渗透率、流体的流度、综合压缩系数、窜流系数和储容比等参数，从而得到同时考虑饱和度梯度和渗吸作用的注水井油水两相渗流试井数学模型。基于油水两相渗流理论，建立裂缝性油藏注水井油水两相渗流试井数学模型如下。

裂缝系统：

$$\frac{1}{r}\frac{\partial}{\partial r}\left(r\frac{k_f k_{rof}}{\mu_o B_o}\frac{\partial p_f}{\partial r}\right) = \frac{\partial}{\partial t}\left(\frac{\Phi_f S_{of}}{B_o}\right) + \frac{F_s k_m k_{rom}}{\mu_o B_o}(p_f - p_m) \qquad (5-18)$$

$$\frac{1}{r}\frac{\partial}{\partial r}\left(r\frac{k_f k_{rwf}}{\mu_w B_w}\frac{\partial p_f}{\partial r}\right) = \frac{\partial}{\partial t}\left(\frac{\Phi_f S_{wf}}{B_w}\right) + \frac{F_s k_m k_{rwm}}{\mu_w B_w}(p_f - p_m) \qquad (5-19)$$

基质系统：

$$\frac{F_s k_m k_{rom}}{\mu_o B_o}(p_f - p_m) = \frac{\partial}{\partial t}\left(\frac{\Phi_m S_{om}}{B_o}\right) \qquad (5-20)$$

$$\frac{F_s k_m k_{rwm}}{\mu_w B_w}(p_f - p_m) = \frac{\partial}{\partial t}\left(\frac{\Phi_m S_{wm}}{B_w}\right) \qquad (5-21)$$

式中，p_f 为裂缝系统的压力，MPa；p_m 为基质系统的压力，MPa；k_m 为基质系统的绝对渗透率，μm^2；k_f 为裂缝系统的绝对渗透率，μm^2；F_s 为形状因子，m^{-2}；k_{rom} 为基质系统油相相对渗透率，%；k_{rwm} 为基质系统水相相对渗透率，%；k_{rof} 为裂缝系统油相相对渗透率，%；k_{rwf} 为裂缝系统水相相对渗透率，%；μ_o，μ_w 分别为油相、水相的黏度，$mPa\cdot s$；B_o，B_w 分别为油相、水相的体积系数，m^3/m^3。

将式(5-18)~式(5-21)进行化简合并得：

$$\frac{1}{r}\frac{\partial}{\partial r}\left(rM_{tf}\frac{\partial p_f}{\partial r}\right) = \Phi_f C_{tf}\frac{\partial p_f}{\partial t} + \Phi_m C_{tm}\frac{\partial p_m}{\partial t} \qquad (5-22)$$

$$\Phi_m C_{tm}\frac{\partial p_m}{\partial t} = F_s M_{tu}(p_f - p_m) \qquad (5-23)$$

式中，M_{tf} 为裂缝系统的总流度；M_{tu} 为基质与裂缝之间发生窜流时流体的流度。

下标"u"表示采用上游权法求相对渗透率，即在注水井注入过程中，水从裂缝流入基质，相渗曲线中采用裂缝中的流体饱和度作为流体含水饱和度[见式(5-25)]。反之，在关井过程中，相渗曲线中流体饱和度采用基质中的含水饱和度[见式(5-26)]。其表达式如下：

$$M_{tf} = k_f\left[\frac{k_{rof}(S_{wf})}{\mu_o} + \frac{k_{rwf}(S_{wf})}{\mu_w}\right] \qquad (5-24)$$

$$M_{tu} = k_m\left[\frac{k_{rom}(S_{wf})}{\mu_o} + \frac{k_{rwm}(S_{wf})}{\mu_w}\right] \qquad (5-25)$$

$$M_{tu} = k_m \left[\frac{k_{rom}(S_{wm})}{\mu_o} + \frac{k_{rwm}(S_{wm})}{\mu_w} \right] \qquad (5-26)$$

为计算简便，定义一组无因次变量如下：

$$\widehat{M_{tf}} = k_f \left[\frac{k_{rof}(S_{wf}=1)}{\mu_o} + \frac{k_{rwf}(S_{wf}=1)}{\mu_w} \right] \qquad M_{tfD} = \frac{M_{tf}}{\widehat{M_{tf}}}$$

$$p_{fD} = \frac{2\pi \widehat{M_{tf}} h}{qB_w}(p_f - p_i) \qquad \lambda = \frac{F_S r_w^2 M_{tu}}{\widehat{M_{tf}}}$$

$$p_{mD} = \frac{2\pi \widehat{M_{tf}} h}{qB_w}(p_m - p_i) \qquad r_D = \frac{r}{r_w}$$

$$\widehat{C_{tf}} = C_r + C_w S_{wi} + C_o(1 - S_{wi}) \qquad \omega_1 = \frac{\Phi_f C_{tf}}{(\Phi_f \widehat{C_{tf}} + \Phi_m \widehat{C_{tm}})}$$

$$\widehat{C_{tm}} = C_r + C_w S_{wcm} + C_o(1 - S_{wcm}) \qquad \omega_2 = \frac{\Phi_m C_{tm}}{(\Phi_f \widehat{C_{tf}} + \Phi_m \widehat{C_{tm}})}$$

$$t_D = \frac{\widehat{M_{tf}}}{(\Phi_f \widehat{C_{tf}} + \Phi_m \widehat{C_{tm}}) r_w^2} \qquad C_D = \frac{C}{2\pi(\Phi_f \widehat{C_{tf}} + \Phi_m \widehat{C_{tm}}) h r_w^2}$$

根据无因次参数，可将注水井油水两相渗流试井数学模型表示为无因次形式

$$\frac{1}{r_D} \frac{\partial}{\partial r_D}\left(r_D M_{tfD} \frac{\partial p_{fD}}{\partial r_D} \right) = \omega_1 \frac{\partial p_{fD}}{\partial t_D} + \omega_2 \frac{\partial p_{mD}}{\partial t_D} \qquad (5-27)$$

$$\omega_2 \frac{\partial p_{mD}}{\partial t_D} = \lambda(p_{fD} - p_{mD}) \qquad (5-28)$$

初始条件：

$$p_{fD}(r_D, \ t_D = 0) = 0 \qquad (5-29)$$

$$p_{mD}(r_D, \ t_D = 0) = 0 \qquad (5-30)$$

内边界条件：

$$p_{wD} = \left(p_{fD} - Sr_D \frac{\partial p_{fD}}{\partial r_D} \right)_{r_D=1} \qquad (5-31)$$

$$C_D \frac{dp_{wD}}{dt_D} - \left(r_D \frac{\partial p_{fD}}{\partial r_D} \right)_{r_D=1} = 1 \qquad (5-32)$$

定压外边界条件：

$$p_{fD}(r_D = r_{eD}, \ t_D) = 0 \qquad (5-33)$$

$$p_{mD}(r_D = r_{eD}, \ t_D) = 0 \qquad (5-34)$$

封闭外边界条件:

$$\left(\frac{\partial p_{fD}}{\partial r_D}\right)_{r_D = r_{eD}} = 0 \tag{5-35}$$

$$\left(\frac{\partial p_{mD}}{\partial r_D}\right)_{r_D = r_{eD}} = 0 \tag{5-36}$$

由于模型中的参数(如综合压缩系数、窜流系数、流体的流度、储容比等)都会随注入过程中含水饱和度的变化而变化,所以不能采用解析方法对模型进行求解。因此,采用 Laplace 空间径向网格有限差分方法对模型进行求解。这种方法是一种半解析方法,消除了一般的有限差分数值求解过程中由于时间离散而导致的不收敛和数值弥散等问题。对于一维径向渗流,井底周围压降曲线呈"漏斗"形,井筒附近区域压力变化较大,如果采用均匀网格不能反映出压力的变化。因此,选取等比级数网格,采用对数变换方法,反映井底附近压力的变化。

令 $z = \ln(r_D)$,对式$(5-27)$ ~式$(5-36)$进行自然对数变换:

$$\frac{1}{e^{2z}} \frac{\partial}{\partial z}\left(M_{tfD} \frac{\partial p_{fD}}{\partial z}\right) = \omega_1 \frac{\partial p_{fD}}{\partial t_D} + \omega_2 \frac{\partial p_{mD}}{\partial t_D} \tag{5-37}$$

$$\omega_2 \frac{\partial p_{mD}}{\partial t_D} = \lambda(p_{fD} - p_{mD}) \tag{5-38}$$

初始条件:

$$p_{fD}(z, t_D = 0) = 0 \tag{5-39}$$

$$p_{mD}(z, t_D = 0) = 0 \tag{5-40}$$

内边界条件:

$$p_{wD} = \left(p_{fD} + S \frac{\partial p_{fD}}{\partial z}\right)_{z=0} \tag{5-41}$$

$$\left(\frac{\partial p_{fD}}{\partial z}\right)_{z=0} = 1 + C_D \frac{d p_{wD}}{d t_D} \tag{5-42}$$

定压外边界条件:

$$p_{fD}(z = z_e, t_D) = 0 \tag{5-43}$$

$$p_{mD}(z = z_e, t_D) = 0 \tag{5-44}$$

封闭外边界条件:

$$\left(\frac{\partial p_{fD}}{\partial z}\right)_{z=z_e} = 0 \tag{5-45}$$

$$\left(\frac{\partial p_{mD}}{\partial z}\right)_{z=z_e} = 0 \tag{5-46}$$

对式(5-37)~式(5-46)进行 Laplace 变换，将其转换到拉普拉斯空间得：

$$\frac{1}{e^{2z}}\frac{\mathrm{d}}{\mathrm{d}z}\left(M_{\mathrm{tfD}}\frac{d\bar{p}_{\mathrm{fD}}}{dz}\right)=\omega_1\left[u\bar{p}_{\mathrm{fD}}-p_{\mathrm{fD}}(z,\,0)\right]+\omega_2\left[u\bar{p}_{\mathrm{mD}}-p_{\mathrm{mD}}(z,\,0)\right] \quad (5-47)$$

$$\omega_2\left[u\bar{p}_{\mathrm{mD}}-p_{\mathrm{mD}}(z,\,0)\right]=\lambda(\bar{p}_{\mathrm{fD}}-\bar{p}_{\mathrm{mD}}) \quad (5-48)$$

式中，u 为 Laplace 变量。

初始条件：

$$p_{\mathrm{fD}}(t_{\mathrm{D}}=0)=0 \quad (5-49)$$

$$p_{\mathrm{mD}}(t_{\mathrm{D}}=0)=0 \quad (5-50)$$

内边界条件：

$$\bar{p}_{\mathrm{wD}}=\left(\bar{p}_{\mathrm{fD}}-S\frac{\mathrm{d}\bar{p}_{\mathrm{fD}}}{\mathrm{d}z}\right)_{z=0} \quad (5-51)$$

$$\left(\frac{\mathrm{d}\bar{p}_{\mathrm{fD}}}{\mathrm{d}z}\right)_{z=0}-C_D\left[u\bar{p}_{\mathrm{wD}}-p_{\mathrm{wD}}(t_{\mathrm{D}}=0)\right]=-\frac{1}{u} \quad (5-52)$$

定压外边界条件：

$$\bar{p}_{\mathrm{fD}}(z=z_{\mathrm{e}})=0 \quad (5-53)$$

$$\bar{p}_{\mathrm{mD}}(z=z_{\mathrm{e}})=0 \quad (5-54)$$

封闭外边界条件：

$$\left(\frac{\mathrm{d}\bar{p}_{\mathrm{fD}}}{\mathrm{d}z}\right)_{z=z_{\mathrm{e}}}=0 \quad (5-55)$$

$$\left(\frac{\mathrm{d}\bar{p}_{\mathrm{mD}}}{\mathrm{d}z}\right)_{z=z_{\mathrm{e}}}=0 \quad (5-56)$$

由于井筒附近的压力变化要比远离井筒处压力变化大，因此采用点中心自然对数网格剖分方法，将储层沿径向分成 n 个网格，如图 5-4 所示。

图 5-4　点中心网格径向网格剖分示意图

采用 Laplace 空间径向网格有限差分近似方法，将式(5-47)~式(5-56)转换为差分格式方程：

$$a_i\bar{p}_{\mathrm{fD}_i}+b_i\bar{p}_{\mathrm{fD}_{i+1}}+c_i\bar{p}_{\mathrm{fD}_{i+2}}=d_i \quad (5-57)$$

$$\bar{p}_{\mathrm{mD}_i}=\frac{\lambda\bar{p}_{\mathrm{fD}_i}+\omega_2 p_{\mathrm{mD}}(t_{\mathrm{D}}=0)}{\omega_2 u+\lambda} \quad (5-58)$$

式中，

$$a_i = \mu_w \left\{ \frac{k_{rof}\left[S_{wf}\left(r_{i-1},\ t \right) \right]}{\mu_o} + \frac{k_{rwf}\left[S_{wf}\left(r_{i-1},\ t \right) \right]}{\mu_w} \right\} \qquad (5-59)$$

$$b_i = -\left[a_i + c_i + \left(\frac{\omega_1 \omega_2 u^2 + \omega_1 \lambda u + \omega_2 \lambda u}{\omega_2 u + \lambda} \right)_i e^{2i\Delta z} \Delta z^2 \right] \qquad (5-60)$$

$$c_i = \mu_w \left\{ \frac{k_{rof}\left[S_{wf}\left(r_i,\ t \right) \right]}{\mu_o} + \frac{k_{rwf}\left[S_{wf}\left(r_i,\ t \right) \right]}{\mu_w} \right\} \qquad (5-61)$$

$$d_i = -\left[e^{2i\Delta z} \Delta z^2 \omega_{1i} p_{fDi}(t_D=0) + e^{2i\Delta z} \Delta z^2 \left(\frac{\omega_2 \lambda}{\omega_2 u + \lambda} \right)_i p_{mDi}(t_D=0) \right] \quad (5-62)$$

内边界条件：

$$e_1 \bar{p}_{wD} + e_2 \bar{p}_{fD_0} + e_3 \bar{p}_{fD_1} = e_8 \qquad (5-63)$$

$$e_4 \bar{p}_{fD_0} + e_5 \bar{p}_{fD_1} = e_9 \qquad (5-64)$$

外边界条件：

$$e_6 \bar{p}_{fD_{n-1}} - e_7 \bar{p}_{fD_n} = 0 \qquad (5-65)$$

式中，$\bar{p}_{fD_i}$、$\bar{p}_{mD_i}$ 为第 i 个网格块所对应的 Laplace 空间中裂缝系统与基质系统的无因次压力；$\bar{p}_{wD}$ 为 Laplace 空间无因次井底压力；e_1、e_2、$\cdots$、e_9 为内外边界条件方程所对应的系数。

在不同外边界条件下，差分方程的系数列于表 5-2 中。

将差分方程组写成矩阵的形式：

$$M\vec{x} = \vec{b} \qquad (5-66)$$

式中，M 为由差分方程的系数组成的大型稀疏矩阵；$\vec{x}$ 为由未知压力组成的 $(n+1)\times 1$ 阶矩阵；$\vec{b}$ 为由边界条件对应的系数组成的 $(n+1)\times 1$ 阶矩阵，其表达式如下：

$$M = \begin{bmatrix}
e_1 & e_2 & e_3 & 0 & 0 & 0 & & 0 & 0 & 0 \\
0 & e_4 & e_5 & 0 & 0 & 0 & & 0 & 0 & 0 \\
0 & 0 & a_1 & b_1 & c_1 & 0 & \cdots & 0 & 0 & 0 \\
0 & 0 & 0 & a_2 & b_2 & c_2 & & 0 & 0 & 0 \\
& & \vdots & & & \ddots & \ddots & \ddots & \vdots & \\
0 & 0 & 0 & 0 & 0 & 0 & & a_{n-3} & b_{n-3} & c_{n-3} \\
0 & 0 & 0 & 0 & 0 & 0 & \cdots & a_{n-2} & b_{n-2} & c_{n-2} \\
0 & 0 & 0 & 0 & 0 & 0 & & 0 & e_6 & e_7
\end{bmatrix} \qquad (5-67)$$

$$\vec{x} = \begin{bmatrix} \bar{p}_{wD} \\ \bar{p}_{fD_0} \\ \bar{p}_{fD_1} \\ \bar{p}_{fD_2} \\ \vdots \\ \bar{p}_{fD\,n-1} \end{bmatrix} \tag{5-68}$$

$$\vec{b} = \begin{bmatrix} e_8 \\ e_9 \\ d_1 \\ d_2 \\ \vdots \\ d_{n-1} \end{bmatrix} \tag{5-69}$$

表 5-2　不同边界条件对应的差分方程的系数

边界条件	系数
定压边界	$e_1 = 1$，$e_2 = -\left(1 + \dfrac{S}{\Delta z}\right)$，$e_3 = \dfrac{S}{\Delta z}$，
	$e_4 = 1 + \Delta z C_D u + S C_D u$，$e_5 = -S C_D u - 1$，$e_6 = 0$
	$e_7 = 1$，$e_8 = 0$，$e_9 = \dfrac{\Delta z}{u} - \Delta z C_D p_{wD}(t_D = 0)$
封闭边界	$e_1 = 1$，$e_2 = -\left(1 + \dfrac{S}{\Delta z}\right)$，$e_3 = \dfrac{S}{\Delta z}$，$e_4 = 1 + \Delta z C_D u + S C_D u$
	$e_5 = -S C_D u - 1$，$e_6 = a_{n-1} + c_{n-1}$
	$e_7 = b_{n-1}$，$e_8 = 0$，$e_9 = \dfrac{\Delta z}{u} - \Delta z C_D p_{wD}(t_D = 0)$

　　通过对矩阵求解，可以求得 Laplace 空间裂缝性油藏注水井油水两相渗流无因次井底压力的变化。应用 Stefest 数值反演方法，可以得到实空间中井底压力与压力导数的变化规律。模型求解过程中用到的油藏参数及相渗数据见表 5-3 和图 5-5。

表 5-3　裂缝性油藏模型计算参数表

油藏参数	取值	油藏参数	取值
储层厚度/m	10	原油黏度/(mPa·s)	1
井筒半径/m	0.1	水黏度/(mPa·s)	0.5

油藏参数	取值	油藏参数	取值
裂缝渗透率/μm²	0.6	岩石压缩系数/MPa⁻¹	6×10^{-4}
基质渗透率/μm²	6×10^{-5}	原油压缩系数/MPa⁻¹	1×10^{-3}
裂缝孔隙度	0.03	水压缩系数/MPa⁻¹	4×10^{-4}
基质孔隙度	0.27	日注水量/(m³/d)	30
束缚水饱和度/%	20	油藏原始压力/MPa	14
残余油饱和度/%	14	表皮因子	0.1
原油体积系数	1.03	渗吸强度系数/d⁻¹	0.1
水体积系数	1	井筒储集系数/(m³/MPa)	0.01
形状因子/cm⁻²	6×10^{-4}		

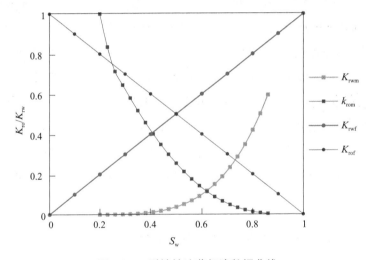

图 5-5　裂缝性油藏相渗数据曲线

第 4 节　试井曲线特征分析

根据所建立的同时考虑渗吸作用与饱和度梯度的裂缝性油藏注水井油水两相流试井模型，采用 LTFD 半解析方法进行求解，利用 MATLAB 软件编程，求得注水井无因次井底压力，得到裂缝性油藏油水两相流试井特征曲线，如图 5-6 所示。

一、油水两相流试井特征曲线

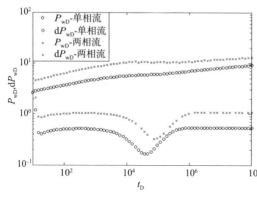

**图 5-6 注水井单相流与
两相流试井特征曲线**

图 5-6 为采用半解析方法求解得到的注水井油水两相流试井曲线以及注水井单相流试井特征曲线。根据试井曲线特征,可将系统中流体的流动分为 3 个阶段:第一阶段为裂缝系统中流体的径向流动阶段,第二阶段为裂缝系统与基质系统之间流体的窜流阶段,第三阶段为整个系统(裂缝系统 + 基质系统)流体的径向流动阶段。从图中可以看出,单相流及油水两相流的压力与压力导数曲线形状相似,但是油水两相流的试井曲线位置整体向右上方移动,并且油水两相流"凹子"的位置要比单相流出现得晚。这是由于油水两相流动时,裂缝系统中流体为油水两相流动而不是单相流动,油水两相流动时的流体的总流度比单相的流度低,压力传导的速度也会随之降低。因此,油水两相流的压力与压力导数曲线会向上方移动。由于油水两相流动时,流体总的流度降低,基质与裂缝系统之间流体的窜流能力减弱,因此裂缝系统与基质系统之间的流体流动出现的得晚。因此,"凹子"的位置会向右侧移动。

二、不同表皮系数两相流试井特征曲线

图 5-7 为表皮系数值从下到上分别为 -1、1 和 10 条件下的注水井压力和压力导数曲线,图中实线表示单相流条件下不同表皮系数值对应的注水井试井曲线,用不同符号标识的曲线代表油水两相流动条件下的注水井试井曲线。从图中可以看出,表皮系数主要对压力导数曲线的峰值产生

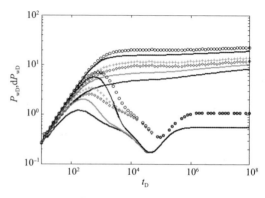

图 5-7 不同表皮系数条件下注水井试井特征曲线

影响。随表皮系数的增大，峰值随之增加，且峰值出现的时间越晚，表明储层受到的污染越严重。油水两相流的压力导数曲线比单相流的压力导数曲线向右上方偏移，与图5-6中压力导数曲线的变化规律一致。随着表皮系数值的增大，单相流与油水两相流峰值之间的差值越小，峰值后面曲线的下倾幅度越大。

三、不同井筒储集系数两相流试井特征曲线

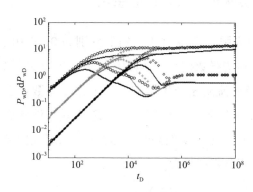

图5-8　不同井筒储集系数条件下注水井试井特征曲线

图5-8为井筒储集系数值从左到右分别为0.01、0.1和1条件下的注水井压力和压力导数曲线，图中实线表示单相流条件下不同井筒储集系数值对应的注水井试井曲线，不同符号标识的曲线代表油水两相流动条件下的注水井试井曲线。从图中可以看出，井筒储集系数主要对压力导数曲线的早期直线段产生影响，井筒储集系数值越大，直线段越长，峰值出现的时间越晚。当井筒储集系数值较大时，井筒储集效应会掩盖裂缝系统中的径向流动阶段，直接进入裂缝系统与基质系统的过渡流动阶段。在油水两相流的压力导数曲线上，在井筒储集效应直线段后的曲线比单相流的压力导数曲线向右上方偏移，与图5-6中压力导数曲线的变化规律相一致。

四、不同形状因子两相流试井特征曲线

图5-9为形状因子值从右到左分别为10^{-5}、10^{-4}和10^{-3}条件下的注水井压力和压力导数曲线。图中实线表示单相流条件下不同形状因子数值对应的试井特征曲线，不同符号标识的曲线代表油水两相流动条件下的试井特征曲线。从图中可以看出，形状因子主要对压

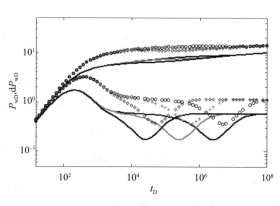

图5-9　不同形状因子条件下注水井试井特征曲线

力导数曲线"凹子"的位置产生影响，形状因子的值越大，"凹子"出现得越早，"凹子"越靠近左侧移动。这主要是因为形状因子主要对过渡流阶段产生影响，形状因子越大，则基质与裂缝之间越容易发生流体交换，过渡流阶段出现得越早。在油水两相流的压力导数曲线上，在峰值过后的曲线比单相流的压力导数曲线向右上方偏移，与图5-6中压力导数曲线的变化规律相一致。

五、封闭边界不同渗吸强度系数两相流试井特征曲线

图5-10为封闭边界条件下，当渗吸强度系数值从上到下分别为0、0.01、0.05、0.1、0.5和1时的注水井压力和压力导数曲线。从图中可以看出，渗吸强度系数主要对流体流动过程中的系统径向流阶段产生影响。渗吸强度系数值越大，流体进入系统径向流阶段后的下坠程度越大。后期受不渗透边界条件的影响，曲线又向上翘起，趋向于同一斜率的直线。渗吸强度系数越大，系统径向流阶段曲线下坠出现的时间越早，且曲线下坠程度越大。

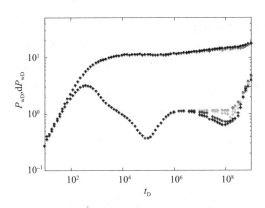

图5-10 封闭边界条件下不同渗吸强度系数
注水井试井特征曲线

六、定压边界不同渗吸强度系数两相流试井特征曲线

图5-11为定压边界条件下，当渗吸强度系数值从上到下分别为0、0.01、0.05、0.1、0.5和1时的注水井压力和压力导数曲线。通过曲线对比可以看出，当不考虑渗吸即渗吸强度系数为0时，曲线在系统径向流阶段为一条水平线，后期受定压外边界条件的影响，曲线出现下坠。当考虑渗吸时，曲线在系统径向流阶段随渗吸强度系数值的变化出现不同程度的下坠现象。随着渗吸强度系数的增大，系统径向流阶段曲线出现下坠的时间越早，并且曲线下坠的程度越大。在流

动后期受定压边界条件的影响，曲线出现较为明显的下坠现象。曲线在系统径向流阶段出现下坠的变化规律与图5-10中封闭边界条件下曲线变化规律一致。

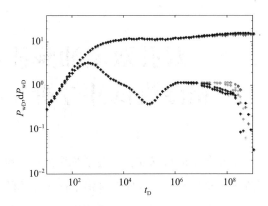

图5-11　定压边界条件下不同渗吸强度系数
注水井试井特征曲线

第6章 双孔双渗油藏油水两相渗流试井分析

裂缝性油藏一般用双孔介质进行描述，裂缝系统作为具有流动能力的流体流动通道，基质系统作为流体的储存空间，基质系统中不存在流体的流动，此时模型为双孔单渗油藏模型。但当基质系统具有很强的导流能力时，需要同时考虑裂缝系统和基质系统中流体的流动，此时模型为双孔双渗油藏模型。本章基于油水两相渗流理论，建立了双孔双渗油藏油水两相渗流试井数学模型，采用 Stehfest 数值反演方法和 LTFD 半解析方法进行求解，得到了注水过程中无因次井底压力解。

第1节 双孔双渗油藏油水两相渗流物理模型

双孔双渗油藏注水井两相渗流物理模型与双孔单渗油藏物理模型相同，如图 5-1 所示。裂缝性油藏中心有一口注水井按照一定量进行注水，将油藏分成3 个区域：一区为高含水区域，二区为油水两相过渡区，三区为注入水未波及的具有原始含油饱和度的油区。采用双孔双渗模型对裂缝性油藏进行描述，基质系统和裂缝系统既是流体的流动通道，同时也是流体的储存空间。油藏为水平、均质、等厚、无限大地层，上下具有良好的不渗透隔层。储层流体为微可压缩流体，注入流体径向流入地层，在裂缝系统与基质系统中的流动符合达西定律，为等温渗流过程。基质与裂缝之间存在窜流，且流动为拟稳态流动。考虑井筒储集效应和表皮效应的影响，只考虑二维平面上的流动，不考虑重力的影响。

第2节 注水井饱和度求解数学模型

双孔双渗油藏在注水过程中，注入水将同时进入裂缝系统与基质系统，驱替其中的原油，但由于裂缝系统的导流能力大于基质系统的导流能力，因此基质系统与裂缝系统之间存在窜流作用。裂缝系统中水的推进速度要快于基质系统中水的推进速度。由于毛管力渗吸作用，裂缝系统中的水进入基质岩块，排驱其中的原油，从而抑制裂缝中水的突进。根据裂缝中水的体积守恒，结合一维水驱油 B - L 流动方程和渗吸经验公式，得到双孔双渗油藏径向流动 B - L 方程。

裂缝系统：

$$-\frac{q}{2\pi rh}\frac{\partial s_{wf}}{\partial r} - R_c R_\infty \int_0^t e^{-R_c(t-\tau)}\frac{\partial s_{wf}}{\partial \tau}d\tau = \Phi_f \frac{\partial s_{wf}}{\partial t} \tag{6-1}$$

基质系统：

$$-\frac{q}{2\pi rh}\frac{\partial s_{wm}}{\partial r} + R_c R_\infty \int_0^t e^{-R_c(t-\tau)}\frac{\partial s_{wf}}{\partial \tau}d\tau = \Phi_m \frac{\partial s_{wm}}{\partial t} \tag{6-2}$$

初始条件：

$$s_{wf}(r,\ t=0) = 0 \tag{6-3}$$

$$s_{wm}(r,\ t=0) = s_{wcm} \tag{6-4}$$

边界条件：

$$s_{wf}(r=0,\ t) = 1 \tag{6-5}$$

$$s_{wm}(r=0,\ t) = 1 \tag{6-6}$$

引入 Laplace 变量 z_1，对式(6-1)、式(6-2)及边界条件进行 Laplace 变换并代入初始条件可得：

$$-\frac{q}{2\pi rh}\frac{\partial \bar{s}_{wf}}{\partial r} - R_c R_\infty \frac{z_1 \bar{s}_{wf}}{R_c + z_1} = \Phi_f z_1 \bar{s}_{wf} \tag{6-7}$$

$$-\frac{q}{2\pi rh}\frac{\partial \bar{s}_{wm}}{\partial r} + R_c R_\infty \frac{z_1 \bar{s}_{wf}}{R_c + z_1} = \Phi_m (z_1 \bar{s}_{wm} - s_{wcm}) \tag{6-8}$$

$$\bar{s}_{wf}(r=0) = \frac{1}{z_1} \tag{6-9}$$

$$\bar{s}_{wm}(r=0) = \frac{1}{z_1} \tag{6-10}$$

通过积分求解，并代入边界条件可得 Laplace 空间中裂缝系统与基质系统的含水饱和度变化公式：

$$\bar{s}_{wf} = \frac{1}{z_1}e^{-\left(\frac{z_1\beta}{R_c+z_1}+z_1\alpha\right)} \tag{6-11}$$

$$\bar{s}_{wm} = e^{-\frac{\pi hr2}{q}}\left[\frac{1-s_{wcm}}{z_1} - \frac{R_c R_\infty}{\Phi_m}\frac{1}{z_1(R_c+z_1)}\right] + \frac{s_{wcm}}{z_1} + \frac{R_c R_\infty}{\Phi_m}\frac{e^{-\left(\frac{z_1\beta}{R_c+z_1}+z_1\alpha\right)}}{z_1(R_c+z_1)}$$

$$\tag{6-12}$$

通过 Laplace 反演，可以得到实空间中基质系统与裂缝系统中含水饱和度变化公式：

$$s_{wf}(r,t) = \begin{cases} 0(t < \alpha) \\ e^{-\beta}\left[e^{-R_c(t-\alpha)}I_0\left(2\sqrt{\beta R_c(t-\alpha)}\right) + \right. \\ \left. R_c\int_{\alpha}^{t}e^{-R_c(\tau-\alpha)}I_0\left(2\sqrt{\beta R_c(\tau-\alpha)}\right)d\tau\right](t \geqslant \alpha) \end{cases} \tag{6-13}$$

$$s_{wm}(r,t) = \begin{cases} e^{-\left(\frac{\pi h r^2}{q}\right)}\left[1 - s_{wcm} - (1 - s_{orm} - s_{wcm})(1 - e^{-R_c t})\right] + s_{wcm}(t < \alpha) \\ e^{-\left(\frac{\pi h r^2}{q}\right)}\left[1 - s_{wcm} - (1 - s_{orm} - s_{wcm})(1 - e^{-R_c t})\right] + s_{wcm} + \\ (1 - s_{orm} - s_{wcm})R_c e^{-\beta}\int_{\alpha}^{t}e^{-R_c(\tau-\alpha)}I_0\left(2\sqrt{\beta R_c(\tau-\alpha)}\right)d\tau(t \geqslant \alpha) \end{cases}$$

$$\tag{6-14}$$

根据双孔双渗油藏注水井渗吸数学模型得到的解析解，可得到注水井注水过程中基质系统与裂缝系统中的含水饱和度分布。应用渗吸数学模型计算注水过程中的饱和度分布所使用的参数如表 6-1 所示。图 6-1 和图 6-2 为当渗吸强度系数分别为 0.01 和 1 时，注入时间分别为 5d、50d、100d、200d、300d 时，双孔双渗油藏基质系统与裂缝系统中的含水饱和度变化曲线。

表 6-1　双孔双渗油藏模型计算参数表

油藏参数	取值	油藏参数	取值
井筒半径/m	0.1	水的黏度/(mPa·s)	0.5
基质渗透率/μm²	6×10^{-3}	原油黏度/(mPa·s)	1
裂缝渗透率/μm²	0.6	日注水量/(m³/d)	30
基质孔隙度	0.27	原始地层压力/MPa	14
裂缝孔隙度	0.03	岩石压缩系数/MPa⁻¹	6×10^{-4}
储层厚度/m	10	原油压缩系数/MPa⁻¹	1×10^{-3}
束缚水饱和度/%	20	水压缩系数/MPa⁻¹	4×10^{-4}
残余油饱和度/%	14	渗吸强度系数/d⁻¹	0.1

从图 6-1 中可以看出，当渗吸强度系数较小（$R_c = 0.01$）时，随注入时间的增加，油水两相区的范围逐渐变大，水驱前沿在裂缝系统与基质系统中的推进速度基本一致。这是由于当渗吸强度系数较小时，裂缝中的水虽然会进入基质，但是基质与裂缝中的流体作用不够充分，基质中只有部分原油被驱出，所以油水两相的范围会变大。

从图 6-2 可以看出，当渗吸强度系数较大（$R_c = 1$）时，随注入时间的增加，水驱前沿在基质和裂缝中的推进速度基本一致，油水两相区的范围相比渗吸强度系数为 0.01 时变小。这是由于随渗吸强度系数的增加，裂缝中的水能够充分进入基质，使裂缝与基质中流体交换更加充分，驱替出更多的原油。因此，当渗吸强度系数为 1 时，水驱前沿在基质和裂缝中的推进速度比渗吸强度系数为 0.01 时的推进速度变缓。

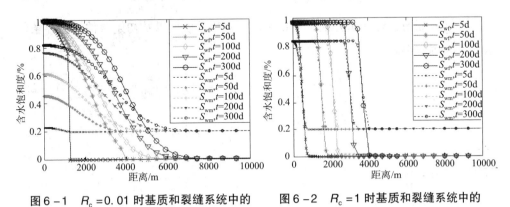

图 6-1 $R_c = 0.01$ 时基质和裂缝系统中的
含水饱和度变化曲线

图 6-2 $R_c = 1$ 时基质和裂缝系统中的
含水饱和度变化曲线

第 3 节 注水井压力求解数学模型

双孔双渗油藏注水井压力求解数学模型考虑流体在基质系统中的流动，流体在基质系统与裂缝系统之间的流动为拟稳态流动。根据注水井饱和度数学模型得到注水过程中的裂缝系统与基质系统中的含水饱和度分布，将其代入到注水井压力求解数学模型中进行耦合求解，从而得到同时考虑饱和度梯度和渗吸作用的注水井油水两相渗流试井数学模型。基于油水两相渗流理论，建立双孔双渗油藏注水井油水两相渗流试井数学模型如下。

裂缝系统：

$$\frac{1}{r}\frac{\partial}{\partial r}\left(r\frac{k_f k_{rof}}{\mu_o B_o}\frac{\partial p_f}{\partial r}\right) = \frac{\partial}{\partial t}\left(\frac{\Phi_f S_{of}}{B_o}\right) + \frac{F_s k_m k_{rom}}{\mu_o B_o}(p_f - p_m) \qquad (6-15)$$

$$\frac{1}{r}\frac{\partial}{\partial r}\left(r\frac{k_f k_{rwf}}{\mu_w B_w}\frac{\partial p_f}{\partial r}\right) = \frac{\partial}{\partial t}\left(\frac{\Phi_f S_{wf}}{B_w}\right) + \frac{F_s k_m k_{rwm}}{\mu_w B_w}(p_f - p_m) \qquad (6-16)$$

基质系统：

$$\frac{1}{r}\frac{\partial}{\partial r}\left(r\frac{k_m k_{rom}}{\mu_o B_o}\frac{\partial p_m}{\partial r}\right) + \frac{F_s k_m k_{rom}}{\mu_o B_o}(p_f - p_m) = \frac{\partial}{\partial t}\left(\frac{\Phi_m S_{om}}{B_o}\right) \qquad (6-17)$$

$$\frac{1}{r}\frac{\partial}{\partial r}\left(r\frac{k_m k_{rwm}}{\mu_w B_w}\frac{\partial p_m}{\partial r}\right) + \frac{F_s k_m k_{rwm}}{\mu_w B_w}(p_f - p_m) = \frac{\partial}{\partial t}\left(\frac{\Phi_m S_{wm}}{B_w}\right) \tag{6-18}$$

将式(6-15)~式(6-18)进行化简合并得:

$$\frac{1}{r}\frac{\partial}{\partial r}\left(r M_{tf}\frac{\partial p_f}{\partial r}\right) = \Phi_f C_{tf}\frac{\partial p_f}{\partial t} + F_s M_{tu}(p_f - p_m) \tag{6-19}$$

$$\frac{1}{r}\frac{\partial}{\partial r}\left(r M_{tm}\frac{\partial p_m}{\partial r}\right) = \Phi_m C_{tm}\frac{\partial p_m}{\partial t} - F_s M_{tu}(p_f - p_m) \tag{6-20}$$

为计算简便,将注水井油水两相渗流试井数学模型以及初始条件和边界条件表示为无因次形式:

$$\frac{1}{r_D}\frac{\partial}{\partial r_D}\left(r_D M_{tfD}\frac{\partial p_{fD}}{\partial r_D}\right) = \omega_1\frac{\partial p_{fD}}{\partial t_D} + \lambda(p_{fD} - p_{mD}) \tag{6-21}$$

$$\frac{1}{r_D}\frac{\partial}{\partial r_D}\left(r_D M_{tmD}\frac{\partial p_{mD}}{\partial r_D}\right) = \omega_2\frac{\partial p_{mD}}{\partial t_D} - \lambda(p_{fD} - p_{mD}) \tag{6-22}$$

式中, $M_{tmD} = \dfrac{M_{tm}}{\widehat{M}_{tf}}$。

初始条件:

$$p_{fD}(r_D, t_D = 0) = 0 \tag{6-23}$$

$$p_{mD}(r_D, t_D = 0) = 0 \tag{6-24}$$

内边界条件:

$$p_{wD} = \left(p_{fD} - S r_D\frac{\partial p_{fD}}{\partial r_D}\right)_{r_D = 1} \tag{6-25}$$

$$p_{wD} = \left(p_{mD} - S r_D\frac{\partial p_{mD}}{\partial r_D}\right)_{r_D = 1} \tag{6-26}$$

$$C_D\frac{dp_{wD}}{dt_D} - \left[\left(r_D\frac{\partial p_{fD}}{\partial r_D}\right) + \left(r_D\frac{\partial p_{mD}}{\partial r_D}\right)\right]_{r_D = 1} = 1 \tag{6-27}$$

定压边界条件:

$$p_{fD}(r_D = r_{eD}, t_D) = 0 \tag{6-28}$$

$$p_{mD}(r_D = r_{eD}, t_D) = 0 \tag{6-29}$$

封闭边界条件:

$$\left(\frac{\partial p_{fD}}{\partial r_D}\right)_{r_D = r_{eD}} = 0 \tag{6-30}$$

$$\left(\frac{\partial p_{mD}}{\partial r_D}\right)_{r_D = r_{eD}} = 0 \tag{6-31}$$

由于径向渗流井底周围压降曲线呈"漏斗"形，井筒附近区域压力变化较大，因此采用等比级数网格对油藏进行划分，采用对数变换方法，反映井底附近压力的变化。令 $z = \ln(r_D)$，对式（6-21）~式（6-31）进行自然对数变换：

$$\frac{1}{e^{2z}} \frac{d}{dz}\left(M_{tfD}\frac{d\bar{p}_{fD}}{dz}\right) = \omega_1 \left[u\bar{p}_{fD} - p_{fD}(z, 0)\right] + \lambda(\bar{p}_{fD} - \bar{p}_{mD}) \qquad (6-32)$$

$$\frac{1}{e^{2z}} \frac{d}{dz}\left(M_{tmD}\frac{d\bar{p}_{mD}}{dz}\right) = \omega_2 \left[u\bar{p}_{mD} - p_{mD}(z, 0)\right] - \lambda(\bar{p}_{fD} - \bar{p}_{mD}) \qquad (6-33)$$

初始条件：

$$p_{fD}(t_D = 0) = 0 \qquad (6-34)$$

$$p_{mD}(t_D = 0) = 0 \qquad (6-35)$$

内边界条件：

$$\bar{p}_{wD} = \left(\bar{p}_{fD} - S\frac{d\bar{p}_{fD}}{dz}\right)_{z=0} \qquad (6-36)$$

$$\bar{p}_{wD} = \left(\bar{p}_{mD} - S\frac{d\bar{p}_{mD}}{dz}\right)_{z=0} \qquad (6-37)$$

$$\left(\frac{d\bar{p}_{fD}}{dz}\right)_{z=0} + \left(\frac{d\bar{p}_{mD}}{dz}\right)_{z=0} - C_D\left[u\bar{p}_{wD} - p_{wD}(t_D = 0)\right] = -\frac{1}{u} \qquad (6-38)$$

定压边界条件：

$$\bar{p}_{fD}(z = z_e) = 0 \qquad (6-39)$$

$$\bar{p}_{mD}(z = z_e) = 0 \qquad (6-40)$$

封闭边界条件：

$$\left(\frac{d\bar{p}_{fD}}{dz}\right)_{z=z_e} = 0 \qquad (6-41)$$

$$\left(\frac{d\bar{p}_{mD}}{dz}\right)_{z=z_e} = 0 \qquad (6-42)$$

为反映近井区域压力的变化规律，采用点中心自然对数网格剖分方法，将储层沿径向分成 n 个网格，采用 Laplace 空间径向网格有限差分近似方法对模型进行求解，将式（6-32）~式（6-42）转换为差分格式方程：

$$a_i\bar{p}_{fD_{i-1}} + b_i\bar{p}_{fD_i} + c_i\bar{p}_{fD_{i+1}} + d_i\bar{p}_{mD_i} = g_i \qquad (6-43)$$

$$aa_i\bar{p}_{mD_{i-1}} + bb_i\bar{p}_{mD_i} + cc_i\bar{p}_{mD_{i+1}} + dd_i\bar{p}_{fD_i} = gg_i \qquad (6-44)$$

式中：

$$a_i = \mu_w \left\{\frac{k_{rof}\left[S_{wf}(r_{i-1}, t)\right]}{\mu_o} + \frac{k_{rwf}\left[S_{wf}(r_{i-1}, t)\right]}{\mu_w}\right\} \qquad (6-45)$$

$$b_i = -\left[\, a_i + c_i + (\omega_1 u + \lambda)_i \mathrm{e}^{2i\Delta z}\Delta z^2\,\right] \qquad (6-46)$$

$$c_i = \mu_{\mathrm{w}}\left\{\frac{k_{\mathrm{rof}}\left[\,S_{\mathrm{wf}}(r_i,\ t)\,\right]}{\mu_{\mathrm{o}}} + \frac{k_{\mathrm{rwf}}\left[\,S_{\mathrm{wf}}(r_i,\ t)\,\right]}{\mu_{\mathrm{w}}}\right\} \qquad (6-47)$$

$$d_i = \lambda_i \mathrm{e}^{2i\Delta z}\Delta z^2 \qquad (6-48)$$

$$g_i = -\mathrm{e}^{2i\Delta z}\Delta z^2 \omega_1 \bar{p}_{\mathrm{fD}\,i}(t_{\mathrm{D}}=0) \qquad (6-49)$$

$$aa_i = \mu_{\mathrm{w}}\frac{k_{\mathrm{m}}}{k_{\mathrm{f}}}\left\{\frac{k_{\mathrm{rom}}\left[\,S_{\mathrm{wm}}(r_{i-1},\ t)\,\right]}{\mu_{\mathrm{o}}} + \frac{k_{\mathrm{rwm}}\left[\,S_{\mathrm{wm}}(r_{i-1},\ t)\,\right]}{\mu_{\mathrm{w}}}\right\} \qquad (6-50)$$

$$bb_i = -\left[\, aa_i + cc_i + (\omega_2 u + \lambda)_i \mathrm{e}^{2i\Delta z}\Delta z^2\,\right] \qquad (6-51)$$

$$cc_i = \mu_{\mathrm{w}}\frac{k_{\mathrm{m}}}{k_{\mathrm{f}}}\left\{\frac{k_{\mathrm{rom}}\left[\,S_{\mathrm{wm}}(r_{i-1},\ t)\,\right]}{\mu_{\mathrm{o}}} + \frac{k_{\mathrm{rwm}}\left[\,S_{\mathrm{wm}}(r_{i-1},\ t)\,\right]}{\mu_{\mathrm{w}}}\right\} \qquad (6-52)$$

$$dd_i = \lambda_i \mathrm{e}^{2i\Delta z}\Delta z^2 \qquad (6-53)$$

$$gg_i = -\mathrm{e}^{2i\Delta z}\Delta z^2 \omega_2 \bar{p}_{\mathrm{mD}\,i}(t_{\mathrm{D}}=0) \qquad (6-54)$$

内边界条件：

$$e_1 \bar{p}_{\mathrm{wD}} + e_2 \bar{p}_{\mathrm{fD}_0} + e_3 \bar{p}_{\mathrm{fD}_1} = e_4 \qquad (6-55)$$

$$e_5 \bar{p}_{\mathrm{wD}} + e_6 \bar{p}_{\mathrm{mD}_0} + e_7 \bar{p}_{\mathrm{mD}_1} = e_8 \qquad (6-56)$$

$$e_9 \bar{p}_{\mathrm{fD}_0} + e_{10} \bar{p}_{\mathrm{fD}_1} + e_{11} \bar{p}_{\mathrm{mD}_0} + e_{12} \bar{p}_{\mathrm{mD}_1} = e_{13} \qquad (6-57)$$

外边界条件：

$$e_{14} \bar{p}_{\mathrm{fD}\,n-1} + e_{15} \bar{p}_{\mathrm{fD}\,n} + e_{16} \bar{p}_{\mathrm{mD}\,n} = 0 \qquad (6-58)$$

$$e_{17} \bar{p}_{\mathrm{mD}\,n-1} + e_{18} \bar{p}_{\mathrm{mD}\,n} + e_{19} \bar{p}_{\mathrm{fD}\,n} = 0 \qquad (6-59)$$

内边界条件方程组对应的系数如下：

$$e_1 = 1,\ e_2 = -\left(1 + \frac{S}{\Delta z}\right),\ e_3 = \frac{S}{\Delta z},\ e_4 = 0,\ e_5 = 1,\ e_6 = -\left(1 + \frac{S}{\Delta z}\right),$$

$$e_7 = \frac{S}{\Delta z},\ e_8 = 0,\ e_9 = 1 + \Delta z C_{\mathrm{D}} u + S C_{\mathrm{D}} u,\ e_{10} = -S C_{\mathrm{D}} u - 1,\ e_{11} = 1,$$

$$e_{12} = -1,\ e_{13} = \frac{\Delta z}{u} - \Delta z C_{\mathrm{D}} p_{\mathrm{wD}}(t_{\mathrm{D}}=0)_\circ$$

定压边界条件方程组对应的系数如下：

$$e_{14} = 0,\ e_{15} = 1,\ e_{16} = 0,\ e_{17} = 0,\ e_{18} = 1,\ e_{19} = 0_\circ$$

封闭边界条件方程组对应的系数如下：

$$e_{14} = (a_n + c_n),\ e_{15} = b_n,\ e_{16} = d_n,\ e_{17} = (aa_n + cc_n),\ e_{18} = bb_n,\ e_{19} = dd_{n\circ}$$

将差分方程组写成矩阵的形式：

$$M \vec{x} = \vec{b} \qquad (6-60)$$

式中，M 为由差分方程的系数组成的大型稀疏矩阵；$\vec{x}$ 为由未知压力组成的 $(n+1) \times 1$ 阶矩阵；$\vec{b}$ 为由边界条件对应的系数组成的 $(n+1) \times 1$ 阶矩阵，其表达式如下：

$$M = \begin{bmatrix}
e_1 & e_2 & e_3 & & & & & & & & & & \\
e_5 & & & & & & & e_6 & e_7 & & & & \\
 & e_9 & e_{10} & & & & & e_{11} & e_{12} & & & & \\
a_1 & b_1 & c_1 & & & & & & d_1 & & & & \\
 & a_2 & b_2 & c_2 & & & & & & d_2 & & & \\
 & & \ddots & \ddots & \ddots & & & & & & \ddots & & \\
 & & & a_{n-2} & b_{n-2} & c_{n-2} & & & & & & d_{n-2} & \\
 & & & a_{n-1} & b_{n-1} & c_{n-1} & & & & & & & d_{n-1} \\
 & & & & e_{14} & e_{15} & & & & & & & e_{16} \\
dd_1 & & & & & aa_1 & bb_1 & cc_1 & & & & & \\
 & dd_2 & & & & & aa_2 & bb_2 & cc_2 & & & & \\
 & & \ddots & & & & & \ddots & \ddots & \ddots & & & \\
 & & & dd_{n-2} & & & & aa_{n-2} & & bb_{n-2} & cc_{n-2} & & \\
 & & & dd_{n-1} & & & & & aa_{n-1} & & bb_{n-1} & cc_{n-1} & \\
 & & & & e_{19} & & & & & & & e_{17} & e_{18}
\end{bmatrix}$$

$$(6-61)$$

$$\vec{x} = \begin{bmatrix}
\bar{p}_{wD} \\
\bar{p}_{fD_0} \\
\bar{p}_{fD_1} \\
\bar{p}_{fD_2} \\
\vdots \\
\bar{p}_{fD_n} \\
\bar{p}_{mD_0} \\
\bar{p}_{mD_1} \\
\bar{p}_{mD_2} \\
\vdots \\
\bar{p}_{mD_n}
\end{bmatrix} \qquad (6-62)$$

$$\vec{b} = \begin{bmatrix} e_4 \\ e_8 \\ e_{13} \\ g_1 \\ g_2 \\ \vdots \\ g_{n-1} \\ 0 \\ gg_1 \\ gg_2 \\ \vdots \\ gg_{n-1} \\ 0 \end{bmatrix} \qquad (6-63)$$

通过对矩阵进行求解，可以求得 Laplace 空间双孔双渗油藏注水井油水两相渗流无因次井底压力的变化。应用 Stefest 数值反演方法，可以得到实空间中井底压力与压力导数变化曲线。

第4节　试井曲线特征分析

根据所建立的同时考虑渗吸作用与饱和度梯度的双孔双渗油藏注水井油水两相流试井模型，采用 LTFD 半解析方法进行求解，利用 MATLAB 软件编程，求得注水井无因次井底压力，得到双孔双渗油藏注水井油水两相流试井特征曲线，如图 6-3 所示。

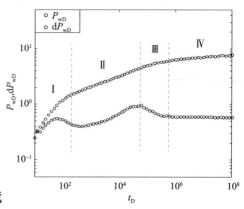

图6-3　双孔双渗油藏注水井
两相流试井特征曲线

一、油水两相流试井特征曲线

图 6-3 为采用 LTFD 半解析方法得到的双孔双渗油藏注水井油水两

相流试井特征曲线。根据试井曲线特征，可将系统中流体的流动分为 4 个阶段：第一阶段为受井筒储集效应和表皮效应影响的早期流动阶段，第二阶段为裂缝系统与基质系统之间流体的拟稳态窜流阶段，第三阶段为拟稳态窜流阶段与系统径向流之间的过渡流动阶段，第四阶段为整个系统(裂缝系统 + 基质系统)流体的径向流动阶段。

二、注水井单相流与两相渗流试井特征曲线

图 6 – 4 为双孔双渗油藏注水井单相流与油水两相流动试井特征对比曲线。注水井单相流模型与注水井两相流模型均采用 LTFD 半解析方法进行求解，两种模型计算过程中采用的基本油藏参数相同。从图中可以看出，注水井单相流与油水两相流的试井特征曲线形状相似，但是油水两相流的试井曲线位于单相流试井曲线的右上方。由于受早期表皮效应和井筒储集效应的影响，裂缝系

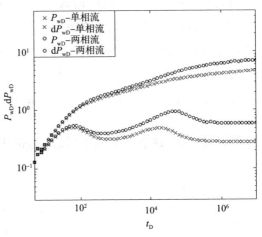

图 6 – 4   注水井单相流与两相流试井特征对比曲线

统的径向流动阶段被覆盖，直接从早期阶段进入窜流阶段。油水两相流窜流阶段"凹子"的位置要比单相流出现得晚。这是由于油水两相流动时，流体总的流度降低，导致压力传导的速度会随之降低，基质系统与裂缝系统之间流体的窜流能力减弱。因此，注水井两相流试井曲线的位置会比单相流试井曲线整体向右上方偏移。

三、双孔双渗油藏与双孔单渗油藏试井特征曲线

图 6 – 5 为双孔双渗油藏与双孔单渗油藏注水井油水两相流动试井特征对比曲线。两种模型均采用 LTFD 半解析方法进行求解，两种模型计算过程中采用的油藏参数基本相同。两种模型的区别在于，双孔单渗油藏只考虑流体在裂缝系统中的流动，而双孔双渗油藏同时考虑了流体在基质系统和裂缝系统中的流动。通过两种曲线对比可以看出，双孔双渗油藏早期受井筒储集效应和表皮效应的影响

比双孔单渗油藏要小，这主要是由
于双孔双渗油藏同时考虑流体在基
质系统与裂缝系统中的流动，因此
双孔双渗油藏早期段流体的流动能
力比双孔单渗油藏的要大，压力波
传导的速度要比双孔单渗油藏的大。
由于双孔双渗油藏考虑流体在基质
系统的流动，更容易在窜流阶段形
成基质系统和裂缝系统之间的窜流，
双孔双渗油藏流体的流动能力比双
孔单渗油藏的要大。因此，双孔双

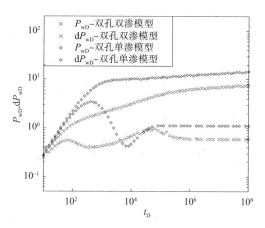

图6-5　双孔双渗油藏与双孔单
渗油藏试井特征对比曲线

渗油藏窜流阶段"凹子"的位置要比双孔单渗油藏出现得早。

四、不同形状因子两相流试井特征曲线

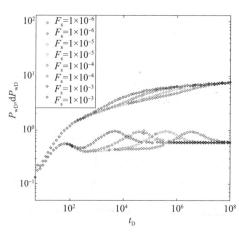

图6-6　不同形状因子条件下
注水井试井特征曲线

图6-6中曲线从右到左分别表
示形状因子值为 10^{-6}、10^{-5}、10^{-4} 和
10^{-3} 条件下双孔双渗油藏注水井压力
和压力导数曲线。从图中可以看出，
形状因子主要对流体在基质系统与裂
缝系统之间的窜流阶段产生影响，主
要影响压力导数曲线"凹子"在水平方
向上的位置。形状因子越大，基质与
裂缝之间越容易发生流体交换，过渡
流阶段出现得越早。因此，形状因子
的值越大，"凹子"出现得越早，"凹
子"越靠近左侧移动。

五、不同渗吸强度系数两相流试井特征曲线

图6-7中曲线从下到上分别表示渗吸强度系数为0、0.001、0.01和0.1条
件下双孔双渗油藏注水井压力和压力导数曲线。从图中可以看出，渗吸强度系数
主要对整个系统(裂缝系统与基质系统)的径向流阶段产生影响。当不考虑渗吸

作用时,系统径向流阶段的压力导数曲线为一条水平直线。当考虑渗吸作用时,随渗吸强度系数的增加,系统径向流阶段压力导数曲线上翘的幅度随之增大。

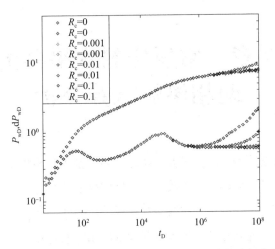

图6-7　不同渗吸强度系数条件下注水井试井特征曲线

六、不同边界条件两相流试井特征曲线

图6-8为不同外边界条件下双孔双渗油藏注水井油水两相流动试井特征曲线。从图中可以看出,外边界条件主要影响试井曲线后期的水平径向流阶段。在封闭外边界条件下,无因次压力与压力导数曲线向上翘起,然后合并成一条斜率为1的直线。在定压外边界条件下,无因次压力导数曲线表现为下掉的曲线。

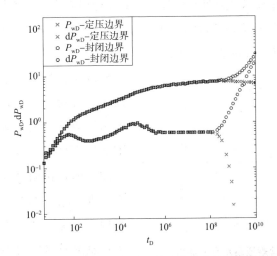

图6-8　不同边界条件下注水井试井特征曲线

第7章　常规压裂水平井油水两相渗流试井分析

目前，关于常规压裂水平井试井分析理论多是基于单相渗流理论，但当油田开发进入中后期时，大部分油井含水较多，储层中存在油水两相流动，用单相渗流试井分析理论解释高含水井的试井曲线会存在误差。因此，本章基于油水两相渗流理论及数学物理方法，建立常规压裂水平井油水两相渗流试井数学模型，采用半解析方法对模型进行求解，分析了常规压裂水平井的油水两相渗流试井模型曲线特征，并进行试井压力响应参数敏感性分析，分析储层流体在地层中的流动规律。

第1节　常规压裂水平井油水两相渗流物理模型

水平、均质、等厚无限大油藏中心有一口常规压裂水平井，以定产量进行生产。储层上下封闭为不渗透边界，水平井筒上均匀分布 n 条人工压裂裂缝，裂缝垂直切割井筒，为有限导流垂直裂缝。裂缝渗透率为 K_f，沿裂缝存在压力降。裂缝宽度为 w_f，裂缝完全穿透储层。水平井筒长度为 L_h，裂缝半长为 L_f。储层流体为微可压缩流体，流动为油水两相渗流，流体在人工裂缝与储层中的流动符合达西定律，为等温渗流过程。裂缝中流体的流动为一维稳态流动，油藏中流体从裂缝表面进入裂缝，然后再由裂缝流入井筒，裂缝端封闭，不考虑油藏流体直接向井筒中的流动，只考虑二维平面上的流动，不考虑重力的影响。常规压裂水平井两相流物理模型示意图如图7-1所示。

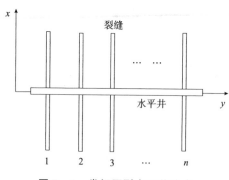

图7-1　常规压裂水平井油水两相渗流物理模型示意图

第2节　常规压裂水平井油水两相渗流数学模型

建立常规压裂水平井油水两相渗流模型，首先需要分别建立油水两相渗流条件下的油藏模型和有限导流垂直裂缝模型，然后将油藏模型与裂缝模型进行耦合求解，得到常规压裂水平井无因次井底压力解。

一、油藏模型

首先根据点源函数理论和油水两相渗流理论，建立无限大地层中油水两相渗流控制方程。

油相方程：

$$\nabla \cdot \left(\frac{K K_{ro} S_w}{\mu_o} \nabla \cdot p \right) = \frac{\partial}{\partial t} \left(\frac{\Phi S_o}{B_o} \right) \tag{7-1}$$

水相方程：

$$\nabla \cdot \left(\frac{K K_{rw} S_w}{\mu_w} \nabla \cdot p \right) = \frac{\partial}{\partial t} \left(\frac{\Phi S_w}{B_w} \right) \tag{7-2}$$

将式(7-1)、式(7-2)进行化简合并：

$$\frac{\partial^2 p}{\partial x^2} + \frac{\partial^2 p}{\partial y^2} = \frac{\Phi c_t}{M_t} \frac{\partial p}{\partial t} \tag{7-3}$$

式中，M_t 为油水两相流体总的流度，$M_t = K \left(\frac{K_{ro} S_w}{\mu_o} + \frac{K_{rw} S_w}{\mu_w} \right)$。

初始条件：

$$p_{(r, t=0)} = p_i \tag{7-4}$$

内边界条件：

$$r \frac{\partial p}{\partial r} \bigg|_{r \to 0} = \frac{q}{2\pi M_t h} \tag{7-5}$$

外边界条件：

$$p_{(r=\infty, t)} = p_i \tag{7-6}$$

定义无因次变量如下，

$$p_D = \frac{2\pi \lambda_o h (p_i - p)}{q_{sc}}, \quad p_{fD} = \frac{2\pi \lambda_o h (p_i - p_f)}{q_{sc}}, \quad t_D = \frac{\lambda_o t}{\Phi c_t L^2}, \quad C_D = \frac{C}{2\pi \Phi c_t h L^2}, \quad x_D = \frac{x}{L},$$

$$y_D = \frac{y}{L}, \quad L_{fD} = \frac{L_f}{L}, \quad L_{hD} = \frac{L_h}{L}, \quad q_D = \frac{q}{q_{sc}}, \quad q_{fD} = \frac{q_f L}{q_{sc}}, \quad q_{fwD} = \frac{q_{fw}}{q_{sc}}, \quad C_D = \frac{K_f w_f}{KL}$$

式中，p_i 为原始油藏压力，MPa；P 为油藏压力，MPa；p_f 为裂缝压力，MPa；L 为参考长度，m；C 为井筒储集系数，m^3/MPa；C_t 为综合压缩系数，MPa^{-1}；q_{sc} 为地面产量，m^3/d；q 为地下产量，m^3/d；q_f 为裂缝流量，m^3/d；q_{fw} 为裂缝半长中的流量，m^3/d；k_f 为裂缝绝对渗透率，μm^2；w_f 为裂缝宽度，m；下标 D 为无因次参数。

对公式(7-3)~式(7-6)进行无因次化：

$$\frac{\partial^2 p_D}{\partial x_D^2} + \frac{\partial^2 p_D}{\partial y_D^2} = (1 - f_{w1}) \frac{\partial p_D}{\partial t_D} \qquad (7-7)$$

式中，f_{w1} 为储层中油水两相渗流时的含水率，$f_{w1} = \dfrac{1}{1 + \dfrac{\mu_w K_{ro}}{\mu_o K_{rw}}}$。

初始条件：

$$p_{D(r_D, t_D = 0)} = 0 \qquad (7-8)$$

内边界条件：

$$r_D \frac{\partial p_D}{\partial r_D}\bigg|_{r_D \to 0} = -(1 - f_{w1}) q_D \qquad (7-9)$$

外边界条件：

$$p_{D(r_D = \infty, t_D)} = 0 \qquad (7-10)$$

为计算简便，对式(7-7)~式(7-10)进行 Laplace 变换：

$$\frac{d^2 \bar{p}_D}{dr_D^2} + \frac{1}{r_D} \frac{d\bar{p}_D}{dr_D} = (1 - f_{w1}) \left[u\bar{p}_D + p_{D(r_D, t_D = 0)} \right] \qquad (7-11)$$

初始条件：

$$\bar{p}_{D(r_D, t_D = 0)} = 0 \qquad (7-12)$$

内边界条件：

$$r_D \frac{d\bar{p}_D}{dr_D}\bigg|_{r_D \to 0} = -(1 - f_{w1}) \bar{q}_D \qquad (7-13)$$

外边界条件：

$$\bar{p}_{D(r_D = \infty, t_D)} = 0 \qquad (7-14)$$

式中，u 为关于时间 t 的 Laplace 变量；$\bar{p}_D$ 为 Laplace 空间无因次压力；$\bar{q}_D$ 为 Laplace 空间无因次产量。

将初始条件代入式(7-11)得：

$$\frac{d^2 \bar{p}_D}{dr_D^2} + \frac{1}{r_D} \frac{d\bar{p}_D}{dr_D} = (1 - f_{w1}) u\bar{p}_D \qquad (7-15)$$

式(7-15)可写成 0 阶虚宗量贝塞尔方程的形式:

$$\frac{\mathrm{d}^2 \bar{p}_\mathrm{D}}{\mathrm{d}[r_\mathrm{D} \sqrt{u(1-f_\mathrm{w1})}]^2} + \frac{1}{[r_\mathrm{D} \sqrt{u(1-f_\mathrm{w1})}]} \frac{\mathrm{d}\bar{p}_\mathrm{D}}{\mathrm{d}[r_\mathrm{D} \sqrt{u(1-f_\mathrm{w1})}]} - \bar{p}_\mathrm{D} = 0$$

$$(7-16)$$

式(7-16)的通解形式可表示为:

$$\bar{p}_\mathrm{D} = A I_0[r_\mathrm{D} \sqrt{(1-f_\mathrm{w1})u}] + B k_0[r_\mathrm{D} \sqrt{(1-f_\mathrm{w1})u}] \qquad (7-17)$$

将式(7-13)、式(7-14)代入式(7-16)中可得:

$$A = 0, \quad B = (1-f_\mathrm{w1})\bar{q}_\mathrm{D} \qquad (7-18)$$

因此, 可得油水两相渗流无因次井底压力点源解为:

$$\bar{p}_\mathrm{D} = (1-f_\mathrm{w1})\bar{q}_\mathrm{D} k_0[r_\mathrm{D} \sqrt{(1-f_\mathrm{w1})u}] \qquad (7-19)$$

由于裂缝为有限导流垂直裂缝, 每条裂缝中的流量不相等。将每条裂缝分成若干个小段, 各裂缝段的流量不等, 但每个裂缝段内的流量为均匀流量。对裂缝段进行积分可得以均匀流量裂缝段作为线源的无因次井底压力解:

$$\bar{p}_{\alpha\mathrm{D}} = (1-f_\mathrm{w1})\bar{q}_\mathrm{D} \int_{y_\mathrm{wD}-\Delta L_\mathrm{fD}/2}^{y_\mathrm{wD}+\Delta L_\mathrm{fD}/2} k_0[\sqrt{(x_\mathrm{D}-x_\mathrm{wD})^2 + (y_\mathrm{D}-\alpha)^2} \sqrt{(1-f_\mathrm{w1})u}]\mathrm{d}\alpha$$

$$(7-20)$$

式中, x_D, y_D 为地层中任一点的无因次坐标; x_wD, y_wD 为裂缝段的中心点坐标; ΔL_fD 为裂缝段的无因次长度。

二、裂缝模型

假定流体在裂缝中的流动为一维流动, 根据裂缝中的物质守恒, 得到裂缝中油水两相渗流控制方程为:

$$-\mathrm{div}(\rho_\mathrm{o} \vec{v}_\mathrm{of}) + \frac{\rho_\mathrm{o} q_\mathrm{of}}{w_\mathrm{f} h} = \frac{\partial(\rho_\mathrm{o} \Phi_\mathrm{f})}{\partial t} \qquad (7-21)$$

$$-\mathrm{div}(\rho_\mathrm{w} \vec{v}_\mathrm{wf}) + \frac{\rho_\mathrm{w} q_\mathrm{wf}}{w_\mathrm{f} h} = \frac{\partial(\rho_\mathrm{w} \Phi_\mathrm{f})}{\partial t} \qquad (7-22)$$

式中, ρ_o 为原油的密度, kg/m^3; ρ_w 为水相流体的密度, kg/m^3; v_of 为原油在裂缝中的渗流速度, m/h; v_wf 为水相流体在裂缝中的渗流速度, m/h; q_of 为油相的流量, m^3/d; q_wf 为水相的流量, m^3/d; w_f 为裂缝的宽度, m; Φ_f 为裂缝孔隙度, %。

将式(7-21)、式(7-22)进行化简合并:

$$M_{\mathrm{tf}}\frac{\partial^2 p_{\mathrm{f}}}{\partial x^2} + \frac{q_{\mathrm{f}}}{w_{\mathrm{f}}h} = \phi_{\mathrm{f}}c_{\mathrm{tf}}\frac{\partial p_{\mathrm{f}}}{\partial t} \qquad (7-23)$$

式中，M_{tf} 为裂缝中油水两相流体的总流度，$M_{\mathrm{tf}} = K_{\mathrm{f}}\left(\dfrac{K_{\mathrm{rof}}S_{\mathrm{w}}}{\mu_{\mathrm{o}}} + \dfrac{K_{\mathrm{rwf}}S_{\mathrm{w}}}{\mu_{\mathrm{w}}}\right)$。

考虑裂缝中的流动为一维稳态流动，则式（7-23）改写为：

$$\frac{\partial^2 p_{\mathrm{f}}}{\partial x^2} + \frac{q_{\mathrm{f}}}{M_{\mathrm{tf}}w_{\mathrm{f}}h} = 0 \qquad (7-24)$$

初始条件：

$$p_{\mathrm{f}(r,t=0)} = p_{\mathrm{i}} \qquad (7-25)$$

内边界条件：

$$M_{\mathrm{tf}}w_{\mathrm{f}}h\left.\frac{\partial p_{\mathrm{f}}}{\partial x}\right|_{x\to 0} = q_{\mathrm{fw}} \qquad (7-26)$$

外边界条件：

$$\left.\frac{\partial p_{\mathrm{f}}}{\partial x}\right|_{x=x_{\mathrm{f}}} = 0 \qquad (7-27)$$

为计算简便，对式（7-24）~式（7-27）进行无因次化：

$$\frac{\partial^2 p_{\mathrm{fD}}}{\partial x_{\mathrm{D}}^2} - \frac{2\pi q_{\mathrm{fD}}(1-f_{\mathrm{w2}})}{C_{\mathrm{fD}}} = 0 \qquad (7-28)$$

式中，$f_{\mathrm{w2}} = \dfrac{1}{1 + \dfrac{\mu_{\mathrm{w}}K_{\mathrm{rof}}}{\mu_{\mathrm{o}}K_{\mathrm{rwf}}}}$。

初始条件：

$$p_{\mathrm{fD}(r_{\mathrm{D}},t_{\mathrm{D}}=0)} = 0 \qquad (7-29)$$

内边界条件：

$$\left.\frac{\partial p_{\mathrm{fD}}}{\partial x_{\mathrm{D}}}\right|_{x_{\mathrm{D}}\to 0} = -\frac{2\pi q_{\mathrm{fwD}}(1-f_{\mathrm{w2}})}{C_{\mathrm{fD}}} \qquad (7-30)$$

外边界条件：

$$\left.\frac{\partial p_{\mathrm{fD}}}{\partial x_{\mathrm{D}}}\right|_{x_{\mathrm{D}}=x_{\mathrm{fD}}} = 0 \qquad (7-31)$$

对式（7-28）从 0 到 $\bar{\omega}$ 进行积分求解：

$$\int_0^{\bar{\omega}}\frac{\partial^2 p_{\mathrm{fD}}}{\partial x_{\mathrm{D}}^2}\mathrm{d}x_{\mathrm{D}} = \int_0^{\bar{\omega}}\frac{2\pi q_{\mathrm{fD}}(1-f_{\mathrm{w2}})}{C_{\mathrm{fD}}}\mathrm{d}\alpha \qquad (7-32)$$

对式(7-32)进行求解得:

$$\frac{\partial p_{\mathrm{fD}(\omega)}}{\partial x_{\mathrm{D}}} - \frac{\partial p_{\mathrm{fD}(0)}}{\partial x_{\mathrm{D}}} = \frac{2\pi(1 - f_{\mathrm{w2}})}{C_{\mathrm{fD}}}\int_0^{\bar{\omega}} q_{\mathrm{fD}}\mathrm{d}\alpha \qquad (7-33)$$

将式(7-30)代入式(7-33)得:

$$\frac{\partial p_{\mathrm{fD}(\omega)}}{\partial x_{\mathrm{D}}} = \frac{2\pi(1 - f_{\mathrm{w2}})}{C_{\mathrm{fD}}}\int_0^{\bar{\omega}} q_{\mathrm{fD}}\mathrm{d}\alpha - \frac{2\pi q_{\mathrm{fwD}}(1 - f_{\mathrm{w2}})}{C_{\mathrm{fD}}} \qquad (7-34)$$

对式(7-34)从0到x_{D}进行积分:

$$\int_0^{x_{\mathrm{D}}} \frac{\partial p_{\mathrm{fD}(\omega)}}{\partial x_{\mathrm{D}}}\mathrm{d}\omega = \frac{2\pi(1 - f_{\mathrm{w2}})}{C_{\mathrm{fD}}}\int_0^{x_{\mathrm{D}}}\int_0^{\bar{\omega}} q_{\mathrm{fD}}\mathrm{d}\alpha\mathrm{d}\bar{\omega} - \int_0^{x_{\mathrm{D}}}\frac{2\pi q_{\mathrm{fwD}}(1 - f_{\mathrm{w2}})}{C_{\mathrm{fD}}}\mathrm{d}\bar{\omega} \quad (7-35)$$

对式(7-35)进行求解得:

$$p_{\mathrm{fD}(x_{\mathrm{D}})} - p_{\mathrm{wD}} = \frac{2\pi(1 - f_{\mathrm{w2}})}{C_{\mathrm{fD}}}\int_0^{x_{\mathrm{D}}}\int_0^{\bar{\omega}} q_{\mathrm{fD}}\mathrm{d}\alpha\mathrm{d}\bar{\omega} - \frac{2\pi q_{\mathrm{fwD}}(1 - f_{\mathrm{w2}})}{C_{\mathrm{fD}}}x_{\mathrm{D}} \qquad (7-36)$$

由于模型考虑井筒中流体流动为无限导流,因此井筒中不存在压力降。对式(7-36)进行 Laplace 变换,可得到 Laplace 空间裂缝中任一点与裂缝和井筒相交处的压力差,即裂缝中任一点与井底压力之间的压差为:

$$\bar{p}_{\mathrm{fD}(x_{\mathrm{D}})} - \bar{p}_{\mathrm{wD}} = \frac{2\pi(1 - f_{\mathrm{w2}})}{C_{\mathrm{fD}}}\int_0^{x_{\mathrm{D}}}\int_0^{\bar{\omega}} \bar{q}_{\mathrm{fD}}\mathrm{d}\alpha\mathrm{d}\bar{\omega} - \frac{2\pi \bar{q}_{\mathrm{fwD}}(1 - f_{\mathrm{w2}})}{C_{\mathrm{fD}}}x_{\mathrm{D}} \qquad (7-37)$$

三、模型离散化与耦合求解

将裂缝进行离散化,采用半解析方法对模型进行求解。将每条人工裂缝半翼离散成多个裂缝单元。当裂缝单元足够小时,每个裂缝单元可以近似看作均匀流量裂缝段,然后再利用杜哈美叠加原理对各个裂缝段在井底的压力下进行叠加求解。图7-2所示为常规压裂水平井裂缝的离散化示意图。

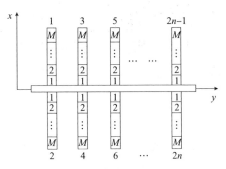

图7-2 常规压裂水平井模型离散化示意图

1. 油藏模型离散化

将每条人工裂缝半翼平均分成M段,即每条裂缝等分离散成$2M$段。所有裂缝共形成$n \times 2M$个裂缝单元。假设第l条裂缝第m段的离散裂缝单元中心点坐标为$(x_{\mathrm{wD},lm}, y_{\mathrm{wD},lm})$,第$i$条裂缝第$j$段的离散裂缝单元中心点坐标为$(x_{\mathrm{D},ij}, y_{\mathrm{D},ij})$。根据式(7-20),第$l$条裂缝第$m$段的离散裂缝单元对第$i$条裂缝第$j$段处离散裂

缝单元产生的压力响应为:

$$\bar{p}_{\alpha Dij,lm} = (1 - f_{w1})\bar{q}_{D,lm} \int_{y_{wD,lm} - \Delta L_{fD,lm}/2}^{y_{wD,lm} + \Delta L_{fD,lm}/2} k_0 \left[\sqrt{(x_{D,ij} - x_{wD,lm})^2 + (y_{D,ij} - \alpha)^2} \sqrt{(1 - f_{w1})u} \right] d\alpha$$

$$(7 - 38)$$

根据杜哈美压力叠加原理, 由所有离散裂缝单元对第 i 条裂缝第 j 段处离散裂缝单元产生的压力响应为:

$$\bar{p}_{D,ij} = \sum_{l=1}^{2n} \sum_{m=1}^{M} \bar{p}_{\alpha Dij,lm} \qquad (7 - 39)$$

2. 裂缝模型离散化

由于式(7 - 37)包含 Fredholm 积分方程, 因此采用数值方法进行离散求解。每条人工裂缝半翼离散成 M 个裂缝单元, 式(7 - 37)可以改写为:

$$\bar{p}_{fD,ij} - \bar{p}_{wD} = \frac{2\pi(1 - f_{w2})}{C_{fD}} \left\{ \frac{\Delta x_{Di}^2}{8} \bar{q}_{fD,ij} + \sum_{N=1}^{j-1} \left[\frac{\Delta x_{Di}^2}{2} + (x_{D,ij} - N\Delta x_{Di}) \right] \bar{q}_{fD,ij} - x_{D,ij} \sum_{j=1}^{M} \bar{q}_{fD,ij} \right\}$$

$$(7 - 40)$$

式中, $\bar{p}_{fD,ij}$ 为第 i 条裂缝第 j 段处的无因次压力; $\bar{q}_{fD,ij}$ 为第 i 条裂缝第 j 段处的无因次流量; Δx_{Di} 为第 i 条裂缝离散裂缝单元的无因次长度; $x_{D,ij}$ 为第 i 条裂缝第 j 段处离散裂缝单元的中心点坐标。

3. 附加方程

根据离散裂缝单元处裂缝面压力与储层压力相等以及裂缝面流量与储层流量相等, 可得:

$$\bar{p}_{fD,ij} = \bar{p}_{D,ij} \qquad (7 - 41)$$

$$\bar{q}_{fD,ij} = \bar{q}_{D,ij} \qquad (7 - 42)$$

根据流量约束条件, 得裂缝流量分布归一化条件为:

$$\sum_{i=1}^{2n} \sum_{j=1}^{M} \bar{q}_{fD,ij} \Delta x_D = \frac{1}{u} \qquad (7 - 43)$$

将式(7 - 39) ~ 式(7 - 43)进行联立, 即可得到 $2n(M + 1)$ 阶油藏模型矩阵和 $2n(M + 1)$ 阶裂缝模型矩阵。将两个矩阵联立, 通过 MATLAB 进行编程求解, 即可求得 Laplace 空间中无因次井底压力值。根据第 1 章中式(1 - 31)可得同时考虑井筒储集效应与表皮效应的无因次井底压力解。通过 Stehfest 数值反演算法, 可以得到实空间中无因次井底压力与压力导数变化曲线。模型求解过程中用到的基本油藏参数及裂缝参数见表7-1。

表7-1 常规压裂水平井模型计算参数表

油藏参数	取值	油藏参数	取值
井筒半径/m	0.1	水体积系数	1
油藏渗透率/μm^2	1×10^{-4}	原油体积系数	1.2
油藏孔隙度	0.2	水的黏度/(mPa·s)	0.5
储层厚度/m	10	原油黏度/(mPa·s)	1
水平井段长度/m	1000	日产油量/(m³/d)	45
裂缝半长/m	30	原始地层压力/MPa	25
裂缝条数	5	综合压缩系数/MPa^{-1}	1.5×10^{-3}

第3节 试井曲线特征分析

根据所建立的常规压裂水平井油水两相流试井模型，采用半解析方法进行求解，利用 MATLAB 软件编程，求得常规压裂水平井无因次井底压力与压力导数，绘制考虑油藏系统和裂缝系统含水率变化条件下的常规压裂水平井油水两相流试井特征曲线。

一、常规压裂水平井油水两相流试井特征曲线

图7-3为常规压裂水平井油水两相渗流试井特征曲线，模型中考虑了油藏系统与裂缝系统中含水率的变化，但没有考虑表皮效应和井筒存储效应。根据试井曲线特征，可将常规压裂水平井试井特征曲线划分为4个阶段。第一阶段为裂缝线性流动阶段，此阶段流体垂直于裂缝面线性流动，各裂缝之间的流动相互独立，不存在压力干扰。此阶段无因次压力与压力导数曲线为相互平行的直线。第二阶段为裂缝拟径向流动阶

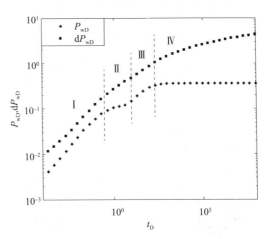

图7-3 常规压裂水平井两相流试井特征曲线

段，此阶段无因次压力导数曲线为一条水平直线。在人工裂缝缝长较短且裂缝间距较大的情况下，比较容易在裂缝周围产生拟径向流。随着压力波向裂缝端部传播，且裂缝之间不存在干扰，各裂缝周围流体的流线近似为圆形，即为拟径向流动状态。第三阶段为地层线性流动阶段。此阶段压力波已经波及相邻裂缝区域，裂缝之间存在压力干扰。此时流体的流动主要为平行于人工裂缝面地层流体的线性流动。第四阶段为地层拟径向流动阶段。此阶段压力波继续向外波及至压裂水平井之外的区域，流体的流线围绕水平井和人工压裂裂缝近似为圆形，地层中流体为拟径向流动。

二、不同无因次裂缝导流能力试井特征曲线

图 7 - 4 为无因次裂缝导流能力值分别为 1、5、10、30 条件下常规压裂水平井油水两相流无因次压力与压力导数曲线。从图中可以看出，裂缝导流能力主要对裂缝线性流动阶段产生影响。裂缝导流能力越大，无因次压力与压力导数曲线的斜率越大，裂缝中的线性流动特征越明显。

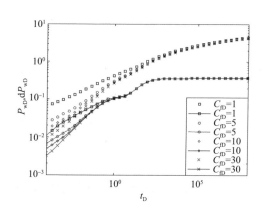

图 7 - 4　不同无因次裂缝导流能力试井特征曲线

三、不同油藏系统含水率变化试井特征曲线

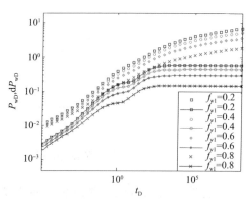

图 7 - 5　不同油藏系统含水率变化试井特征曲线

图 7 - 5 为当油藏系统的含水率分别为 0.2、0.4、0.6、0.8 条件下常规压裂水平井油水两相流无因次压力与压力导数曲线。从图中可以看出，不同油藏系统含水率变化的曲线形态相似。油藏系统的含水率主要对曲线在垂直和水平方向上的位置产生影响，对裂缝流动阶段影响较小，而对

油藏流动阶段的影响较大。随着油藏系统含水率的增大，曲线位置向左下方移动。

四、不同裂缝系统含水率变化试井特征曲线

图 7-6 为当裂缝系统的含水率分别为 0.2、0.4、0.6、0.8 条件下常规压裂水平井油水两相流无因次压力与压力导数曲线。从图中可以看出，裂缝系统的含水率主要影响裂缝线性流动阶段，而对油藏系统含水率的影响较小。裂缝系统含水率越大，裂缝线性流动阶段曲线越向左下方移动。

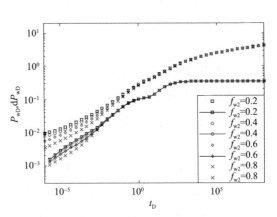

图 7-6　不同裂缝系统含水率
变化试井特征曲线

五、不同裂缝长度试井特征曲线

图 7-7 为裂缝半长分别为 30m、50m、70m、90m 条件下常规压裂水平井油水两相流无因次压力与压力导数曲线。从图中可以看出，裂缝半长主要对裂缝拟径向流动阶段和地层线性流动阶段产生影响。裂缝半长越长，裂缝拟径向流动阶段持续时间越短。裂缝半长增大到一定数值，会掩盖裂缝拟径向流动阶段，直接进入地层线性流动阶段。

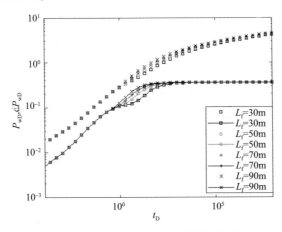

图 7-7　不同裂缝长度试井特征曲线

六、不同水平井段长度试井特征曲线

图 7 - 8 为在水平井段长度分别
为 600m、800m、1000m、1200m 条
件下常规压裂水平井油水两相流无因
次压力与压力导数曲线。从图中可以
看出，水平井段的长度主要影响裂缝
拟径向流动阶段和地层线性流动阶
段。水平井段长度越长，裂缝间距越
大，裂缝之间的干扰出现得越晚，越
容易形成裂缝拟径向流动。反之，水
平井段长度越小，裂缝间距越小，裂

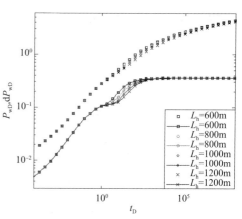

图 7 - 8　不同水平井段长度试井特征曲线

缝拟径向流动阶段会较早地过渡到地层线性流动阶段。

七、不同裂缝条数试井特征曲线

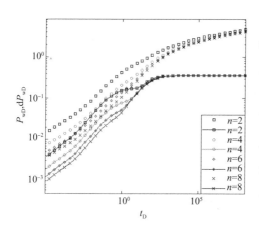

图 7 - 9　不同裂缝条数试井特征曲线

图 7 - 9 为裂缝条数分别为 2、4、
6、8 时常规压裂水平井油水两相流
无因次压力与压力导数曲线。从图中
可以看出，裂缝条数主要对裂缝线性
流动阶段、裂缝拟径向流动阶段和地
层线性流动阶段产生影响。随着裂缝
条数的增加，裂缝线性流动特征越明
显，裂缝流动段压力与压力导数曲线
向左下方偏移。由于水平井段长度相
同，因此裂缝间距越小，裂缝之间干

扰增加，裂缝拟径向流动阶段持续时间越短，较早进入地层线性流动阶段。

第8章　体积压裂水平井油水
两相渗流试井分析

常规压裂水平井在水平井筒中形成的人工裂缝为单一主裂缝，而体积压裂水平井形成的复杂裂缝网络能够缩短储层流体从基质到裂缝的渗流距离，提高储层整体渗透率，改善致密油储层开发效果。本章基于油水两相渗流理论及数学物理方法，建立体积压裂水平井油水两相渗流试井数学模型，采用 Laplace 变换及 Stehfest 数值反演方法对模型进行求解，分析了体积压裂水平井的油水两相渗流试井曲线特征，并进行试井压力响应参数敏感性分析，分析储层流体在地层中的流动规律。

第1节　体积压裂水平井油水两相渗流物理模型

水平、均质、等厚无限大油藏中心有一口体积压裂水平井，以定产量进行生产。储层上下封闭为不渗透边界，水平井筒上均匀分布 n_m 条人工压裂主裂缝，裂缝垂直切割井筒，裂缝完全穿透储层。在每条主裂缝上均匀分布 $2n_s$ 条二级压裂裂缝，二级压裂裂缝与主裂缝垂直。主裂缝渗透率为 K_F，裂缝宽度为 w_F，二级裂缝渗透率为 K_f，裂缝宽度为 w_f。主裂缝与二级裂缝均为有限导流垂直裂缝，沿裂缝存在压力降。水平井筒长度为 L_h，主裂缝半长为 L_F，二级裂缝半长为 L_f。储层流体为微可压缩流体，流动为油水两相渗流，流体在人工裂缝与储层中的流动符合达西定律，为等温渗流过程。裂缝中流体的流动为一维稳态流动，假设油藏中流

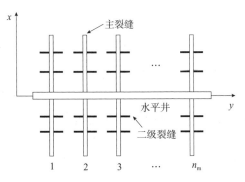

图 8-1　体积压裂水平井油水
两相渗流物理模型示意图

体从裂缝表面进入主裂缝和二级裂缝，二级裂缝中的流体只流入主裂缝，然后再由主裂缝流入井筒，裂缝端封闭，不考虑油藏流体和二级裂缝流体直接向井筒中的流动，只考虑二维平面上的流动，不考虑重力的影响。体积压裂水平井的物理模型示意图如图 8-1 所示。

第 2 节　体积压裂水平井油水两相渗流数学模型

建立体积压裂水平井油水两相渗流数学模型，首先需要分别建立油水两相渗流条件下的油藏模型以及主裂缝和二级裂缝的有限导流垂直裂缝模型，然后将油藏模型与裂缝模型进行耦合求解，得到体积压裂水平井无因次井底压力解。

一、油藏模型

在第 7 章第 2 节中，根据油水两相渗流理论和点源函数理论，建立了无限大地层中油水两相渗流的油藏模型，并通过 Laplace 变换方法对模型进行了求解，得到油水两相渗流无因次井底压力点源解为：

$$\bar{p}_D = (1 - f_{w1}) \bar{q}_D k_0 \left[r_D \sqrt{(1 - f_{w1}) u} \right] \qquad (8-1)$$

体积压裂水平井存在主裂缝和二级裂缝两种人工压裂裂缝，均为有限导流垂直裂缝。将每条主裂缝分成若干个小段，各主裂缝段的流量不等，但每个主裂缝段内的流量为均匀流量。关于主裂缝段进行积分可得以主裂缝段作为线源的无因次井底压力解：

$$\bar{p}_{\alpha D1} = (1 - f_{w1}) \bar{q}_D \int_{y_{wD} - \Delta L_{FD}/2}^{y_{wD} + \Delta L_{FD}/2} k_0 \left[\sqrt{(x_D - x_{wD})^2 + (y_D - \alpha)^2} \sqrt{(1 - f_{w1}) u} \right] d\alpha$$

$$(8-2)$$

式中，x_D，y_D 为地层中任一点的无因次坐标；x_{wD}，y_{wD} 为主裂缝段的中心点坐标；ΔL_{FD} 为主裂缝段的无因次长度；f_{w1} 为储层中油水两相渗流时的含水率。

将每条二级裂缝分成若干个小段，对二级裂缝段进行积分可得以二级裂缝段作为线源的无因次井底压力解：

$$\bar{p}_{\alpha D2} = (1 - f_{w1}) \bar{q}_D \int_{x_{wD} - \Delta L_{fD}/2}^{x_{wD} + \Delta L_{fD}/2} k_0 \left[\sqrt{(x_D - \alpha)^2 + (y_D - y_{wD})^2} \sqrt{(1 - f_{w1}) u} \right] d\alpha$$

$$(8-3)$$

式中，x_D，y_D 为地层中任一点的无因次坐标；x_{wD}，y_{wD} 为二级裂缝段的中心点坐标；ΔL_{fD} 为二级裂缝段的无因次长度。

二、裂缝模型

在第 7 章第 2 节中，根据油水两相渗流理论和点源函数理论，建立了一维裂缝系统中油水两相稳定渗流的裂缝模型，并通过 Laplace 变换方法与积分方法对模型进行求解。由此可得到 Laplace 空间主裂缝中任一点与井底压力之间的压差为：

$$\bar{p}_{FD(x_D)} - \bar{p}_{wD} = \frac{2\pi(1 - f_{w2})}{C_{FD}}\int_0^{x_D}\int_0^{\omega}\bar{q}_{FD}d\alpha d\omega - \frac{2\pi\bar{q}_{FwD}(1 - f_{w2})}{C_{FD}}x_D \qquad (8-4)$$

式中，$\bar{p}_{FD}$ 为主裂缝中的无因次压力；$\bar{q}_{FD}$ 为主裂缝中的无因次流量；$\bar{q}_{FwD}$ 为主裂缝整条半翼长裂缝中的无因次流量。

Laplace 空间二级裂缝中任一点与井底压力之间的压差为：

$$\bar{p}_{fD(x_D)} - \bar{p}_{wD} = \frac{2\pi(1 - f_{w2})}{C_{fD}}\int_0^{x_D}\int_0^{\bar{\omega}}\bar{q}_{fD}d\alpha d\bar{\omega} - \frac{2\pi\bar{q}_{fwD}(1 - f_{w2})}{C_{fD}}x_D \qquad (8-5)$$

式中，$\bar{p}_{fD}$ 为二级裂缝中的无因次压力；$\bar{q}_{fD}$ 为二级裂缝中的无因次流量；$\bar{q}_{fwD}$ 为二级裂缝整条半翼长裂缝中的无因次流量。

三、模型离散化与耦合求解

将裂缝进行离散化，采用半解析方法对模型进行求解。将每条主裂缝和二级裂缝离散成多个均匀流量裂缝段，然后再利用杜哈美叠加原理对各个裂缝段的井底压力进行叠加求解。图 8 - 2 所示为体积压裂水平井裂缝的离散化示意图。

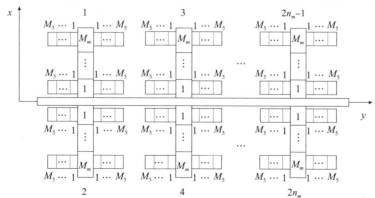

图 8 - 2　体积压裂水平井模型离散化示意图

1. 油藏模型离散化

如图 8-2 所示,假设主裂缝条数为 n_m,每条主裂缝上的二级裂缝条数为 n_s,将每条人工主裂缝半翼平均分成 M_m 段,则所有主裂缝被平均离散成 $n_m \times 2M_m$ 个裂缝单元。将每条二级裂缝半翼平均分成 M_s 段,即所有二级裂缝平均离散成 $n_s \times 2M_s \times 2n_m$ 个裂缝单元。假设第 l 条裂缝第 m 段的离散裂缝单元中心点坐标为 $(x_{wD,lm}, y_{wD,lm})$,第 i 条裂缝第 j 段的离散裂缝单元中心点坐标为 $(x_{D,ij}, y_{D,ij})$。根据式(8-2),第 l 条主裂缝第 m 段的离散裂缝单元对第 i 条裂缝第 j 段处离散裂缝单元产生的压力响应为:

$$\bar{p}_{\alpha D1ij,lm} = (1-f_{w1})\bar{q}_{D,lm} \int_{y_{wD,lm}-\Delta L_{fD,lm}/2}^{y_{wD,lm}+\Delta L_{fD,lm}/2} k_0\left[\sqrt{(x_{D,ij}-x_{wD,lm})^2+(y_{D,ij}-\alpha)^2}\sqrt{(1-f_{w1})u}\right]d\alpha$$

(8-6)

根据式(8-3),第 l 条二级裂缝第 m 段的离散裂缝单元对第 i 条裂缝第 j 段处离散裂缝单元产生的压力响应为:

$$\bar{p}_{\alpha D2ij,lm} = (1-f_{w1})\bar{q}_{D,lm} \int_{x_{wD,lm}-\Delta L_{fD,lm}/2}^{x_{wD,lm}+\Delta L_{fD,lm}/2} k_0\left[\sqrt{(x_{D,ij}-\alpha)^2+(y_{D,ij}-y_{wD,lm})^2}\sqrt{(1-f_{w1})u}\right]d\alpha$$

(8-7)

根据杜哈美压力叠加原理,由所有离散裂缝单元对第 i 条裂缝第 j 段处离散裂缝单元产生的压力响应为:

$$\bar{p}_{D,ij} = \sum_{l=1}^{2n_m}\sum_{m=1}^{M_m}\bar{p}_{\alpha D1ij,lm} + \sum_{l=1}^{2n_m \times 2n_s}\sum_{m=1}^{M_s}\bar{p}_{\alpha D2ij,lm}$$

(8-8)

2. 裂缝模型离散化

由于式(8-4)和式(8-5)包含 Fredholm 积分方程,因此采用数值方法进行离散求解。将每条人工主裂缝半翼离散成 M_m 个离散裂缝单元,式(8-4)可以改写为:

$$\bar{p}_{FD,ij} - \bar{p}_{wD} = \frac{2\pi(1-f_{w2})}{C_{FD}}\left\{\frac{\Delta x_{Di}^2}{8}\bar{Q}_{FD,ij} + \sum_{N=1}^{j-1}\left[\frac{\Delta x_{Di}^2}{2}+(x_{D,ij}-N\Delta x_{Di})\right]\bar{Q}_{FD,ij}\right.$$
$$\left. - x_{D,ij}\sum_{j=1}^{M_m}\bar{Q}_{FD,ij}\right\}$$

(8-9)

式中, $i=1,2,\cdots,2n_m$; $j=1,2,\cdots,M_m$; $\Delta x_D = \dfrac{L_{FD}}{M_m}$, $x_{Di}=(i-1/2)\Delta x_D$; $\bar{p}_{FD,ij}$ 为第 i 条主裂缝第 j 段处的无因次压力; Δx_{Di} 为第 i 条主裂缝离散裂缝单元的

无因次长度；$x_{\mathrm{D},ij}$ 为第 i 条主裂缝第 j 段处离散裂缝单元的中心点坐标；$\overline{Q}_{\mathrm{FD},ij}$ 为第 i 条主裂缝第 j 段处的无因次流量。

在主裂缝与二级裂缝相交处，第 i 条主裂缝第 j 段处裂缝段的流量不仅包括主裂缝段的流量，还包括与主裂缝相交的二级裂缝的流量，如式(8-10)所示。

$$\overline{Q}_{\mathrm{FD},ij} = \begin{cases} \overline{q}_{\mathrm{FD},ij} + \dfrac{\sum \overline{q}_{\mathrm{fD}l} \cdot L_{\mathrm{fD}}}{L_{\mathrm{FD}}}, & \text{相交主裂缝流量} \\ \overline{q}_{\mathrm{FD},ij}, & \text{未相交主裂缝流量} \end{cases} \tag{8-10}$$

式中，$\sum \overline{q}_{\mathrm{fD}l}$ 为与主裂缝相交的二级裂缝段的线密度流量。

将每条二级裂缝半翼离散成 M_{s} 个离散裂缝单元，式(8-5)可以改写为：

$$\overline{p}_{\mathrm{fD},lm} - \overline{p}_{\mathrm{FD},ij} = \frac{2\pi(1 - f_{\mathrm{w}2})}{C_{\mathrm{fD}}} \left\{ \frac{\Delta x_{\mathrm{D}l}^2}{8} \overline{q}_{\mathrm{fD},lm} + \sum_{N=1}^{m-1} \left[\frac{\Delta x_{\mathrm{D}l}^2}{2} + (x_{\mathrm{D},lm} - N\Delta x_{\mathrm{D}l}) \right] \overline{q}_{\mathrm{fD},lm} - x_{\mathrm{D},lm} \sum_{m=1}^{M_{\mathrm{s}}} \overline{q}_{\mathrm{fD},lm} \right\}$$

$$\tag{8-11}$$

式中，$l = 1, 2, \cdots, 2n_{\mathrm{s}} \times 2n_{\mathrm{m}}$；$j = 1, 2, \cdots, M_{\mathrm{s}}$；$\Delta x_{\mathrm{D}l} = L_{\mathrm{fD}}/M_{\mathrm{s}}$，$x_{\mathrm{D},lm} = (i - 1/2)\Delta x_{\mathrm{D}l}$；$\overline{p}_{\mathrm{fD},ij}$ 为第 i 条二级裂缝第 j 段处的无因次压力；$\overline{q}_{\mathrm{fD},ij}$ 为第 i 条二级裂缝第 j 段处的无因次流量；$\Delta x_{\mathrm{D}i}$ 为第 i 条二级裂缝离散裂缝单元的无因次长度；$x_{\mathrm{D},ij}$ 为第 i 条二级裂缝第 j 段处离散裂缝单元的中心点坐标。

3. 附加方程

根据离散裂缝单元处主裂缝与二级裂缝在裂缝面处压力与储层压力相等以及裂缝面流量与储层流量相等，可得：

$$\overline{p}_{\mathrm{FD},ij} = \overline{p}_{\mathrm{D},ij} \tag{8-12}$$

$$\overline{q}_{\mathrm{FD},ij} = \overline{q}_{\mathrm{D},ij} \tag{8-13}$$

$$\overline{p}_{\mathrm{fD},ij} = \overline{p}_{\mathrm{D},ij} \tag{8-14}$$

$$\overline{q}_{\mathrm{fD},ij} = \overline{q}_{\mathrm{D},ij} \tag{8-15}$$

根据流量约束条件，得裂缝流量分布归一化条件为：

$$\sum_{i=1}^{2n_{\mathrm{m}}} \sum_{j=1}^{M_{\mathrm{m}}} \overline{q}_{\mathrm{FD},ij} \Delta x_{\mathrm{D}m} + \sum_{i=1}^{2n_{\mathrm{m}} \times 2n_{\mathrm{s}}} \sum_{j=1}^{M_{\mathrm{s}}} \overline{q}_{\mathrm{fD},ij} \Delta x_{\mathrm{D}s} = \frac{1}{u} \tag{8-16}$$

将式(8-6)~式(8-16)进行联立，即可得到 $2n_{\mathrm{m}} \times M_{\mathrm{m}} + 2n_{\mathrm{m}} \times 2n_{\mathrm{s}} \times M_{\mathrm{s}} + 1$ 阶油藏模型矩阵和 $2n_{\mathrm{m}} \times M_{\mathrm{m}} + 2n_{\mathrm{m}} \times 2n_{\mathrm{s}} \times M_{\mathrm{s}} + 1$ 阶裂缝模型矩阵，将两个矩阵联立，通过 MATLAB 进行编程求解，即可求得 Laplace 空间中无因次井底压力值。

根据第1章中式(1-31)可得同时考虑井筒储集效应与表皮效应的无因次井底压力解。通过 Stehfest 数值反演算法，可以得到实空间中无因次井底压力与压力导数变化曲线。模型求解过程中用到的基本油藏参数及裂缝参数见表 8-1。

表 8-1　体积压裂水平井模型计算参数表

油藏参数	取值	油藏参数	取值
井筒半径/m	0.1	主裂缝条数	8
油藏渗透率/μm^2	1×10^{-4}	二级裂缝条数	4
油藏孔隙度	0.2	水的黏度/(mPa·s)	0.5
储层厚度/m	10	原油黏度/(mPa·s)	1
水平井段长度/m	1200	日产油量/(m³/d)	45
主裂缝半长/m	30	原始地层压力/MPa	25
二级裂缝半长/m	10	综合压缩系数/MPa^{-1}	1.5×10^{-3}

第3节　试井曲线特征分析

根据所建立的体积压裂水平井油水两相流试井模型，采用半解析方法进行求解，利用 MATLAB 软件编程，求得体积压裂水平井无因次井底压力与压力导数，绘制考虑油藏系统和裂缝系统含水率变化条件下的体积压裂水平井油水两相流试井特征曲线。

一、体积压裂水平井油水两相流试井特征曲线

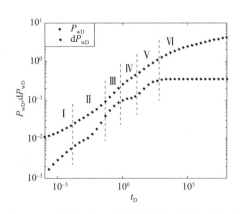

图 8-3　体积压裂水平井两相流试井特征曲线

图 8-3 为体积压裂水平井油水两相渗流试井特征曲线，模型中考虑了油藏系统与裂缝系统中含水率的变化，同时考虑主裂缝与二级裂缝为有限导流垂直裂缝。根据压力与压力导数试井曲线特征，可将体积压裂水平井试井特征曲线划分为6个阶段。第一阶段为裂缝线性流动阶段，此阶段流体垂直于主裂缝

面和二级裂缝面线性流动，各裂缝之间的流动相互独立，不存在压力干扰。第二阶段为二级裂缝流体向主裂缝流动阶段，此时压力导数曲线呈现下凹的形状。第三阶段为主裂缝与二级裂缝流体干扰流动阶段，此阶段主裂缝与主裂缝上的二级裂缝之间相互干扰，即为干扰流动阶段。第四阶段为主裂缝与二级裂缝周围流体的拟径向流动阶段，此阶段无因次压力导数曲线为一条水平直线。压裂裂缝长度越短，裂缝间距越大，越容易在主裂缝与二级裂缝周围产生拟径向流。第五阶段为地层线性流动阶段。此阶段压力波已经波及相邻主裂缝区域，主裂缝之间存在压力干扰。此时流体的流动主要为平行于主裂缝面地层流体的线性流动。第六阶段为地层拟径向流动阶段。此阶段压力波继续向外波及体积压裂水平井之外的区域，流体的流线围绕水平井和人工压裂裂缝近似为圆形，地层中流体为拟径向流动。

通过将图 8 - 3 与图 7 - 3 进行对比分析，可以看出，体积压裂水平井试井特征曲线比常规压裂水平井多了两个流动阶段。一个是二级裂缝流体向主裂缝流动阶段，另一个是主裂缝与二级裂缝之间的干扰流动阶段。二级裂缝流体向主裂缝流动阶段表现在试井曲线上为一条下凹的曲线，与双重介质试井曲线中"凹子"的形状相似。因此，曲线下凹的程度表明了二级裂缝流体向主裂缝供液的能力。

二、不同主裂缝无因次导流能力试井特征曲线

图 8 - 4 为主裂缝无因次导流能力值分别为 1、5、10、20 条件下体积压裂水平井油水两相流无因次压力与压力导数曲线。从图中可以看出，主裂缝导流能力主要对裂缝线性流动阶段以及二级裂缝流体向主裂缝流动阶段产生影响。主裂缝导流能力越大，裂缝中的线性流动特征越明显。二级裂缝中流体的流动能力相对减小，二级裂缝流体向主裂缝流动的供液能力减少，所以曲线下凹的程度减小。

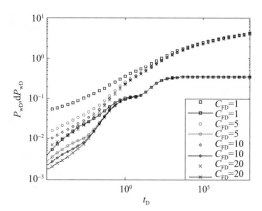

图 8 - 4　不同主裂缝无因次
导流能力试井特征曲线

三、不同二级裂缝无因次导流能力试井特征曲线

图8-5为二级裂缝无因次导流能力值分别为0.1、0.5、1、5条件下体积压裂水平井油水两相流无因次压力与压力导数曲线。从图中可以看出，二级裂缝导流能力主要对二级裂缝流体向主裂缝流动阶段产生影响。二级裂缝导流能力越大，二级裂缝流体向主裂缝流动的供液能力越强，曲线下凹的程度越大。

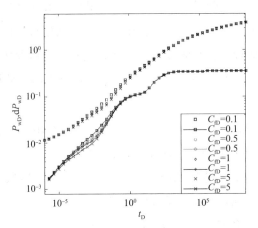

图8-5　不同二级裂缝无因次导流能力试井特征曲线

四、不同油藏系统含水率变化试井特征曲线

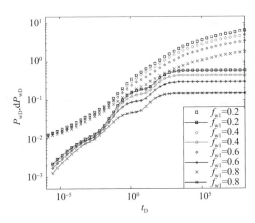

图8-6　不同油藏系统含水率变化试井特征曲线

图8-6为在油藏系统的含水率分别为0.2、0.4、0.6、0.8条件下体积压裂水平井油水两相流无因次压力与压力导数曲线。从图中可以看出，油藏系统的含水率对裂缝系统流动阶段影响较小，对地层线性流动阶段和地层拟径向流动阶段影响较大。随着油藏系统含水率的变化，压力与压力导数曲线形态相似，曲线在垂向上和水平方向上的位移发生变化。随着含水率的增大，曲线向左下方移动。

五、不同裂缝系统含水率变化试井特征曲线

图8-7为在裂缝系统的含水率分别为0.2、0.4、0.6、0.8条件下体积压裂水平井油水两相流无因次压力与压力导数曲线。从图中可以看出，裂缝系统的含水率主要对二级裂缝流体向主裂缝流动阶段产生影响。裂缝系统含水率越大，二级裂缝流体向主裂缝流动阶段曲线的下凹程度越大。

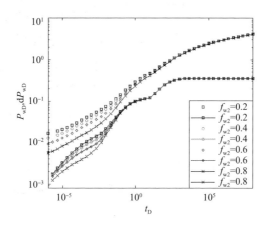

图8-7 不同裂缝系统含水率变化试井特征曲线

六、不同主裂缝长度试井特征曲线

图8-8为在主裂缝半长分别为20m、40m、60m、80m条件下体积压裂水平井油水两相流无因次压力与压力导数曲线。从图中可以看出，主裂缝半长主要对二级裂缝流体向主裂缝流动阶段、裂缝系统拟径向流动阶段以及地层线性流动阶段产生影响。主裂缝半长越长，裂缝线拟径向流动阶段时间就会变短，主裂缝半长增大到一定数值，会掩盖裂缝拟径向流动阶段，直接进入地层线性流动阶段。

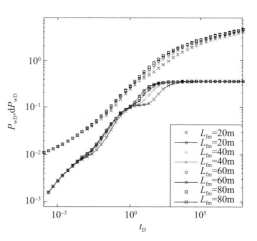

图8-8 不同主裂缝长度试井特征曲线

随着主裂缝半长的增加，二级裂缝流体向主裂缝流动阶段曲线

的下凹程度减小。

七、不同二级裂缝长度试井特征曲线

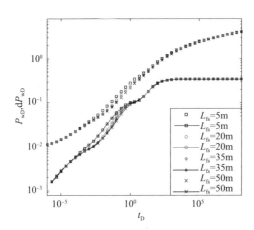

图 8-9 为在二级裂缝半长分别为 5m、20m、35m、50m 条件下体积压裂水平井油水两相流无因次压力与压力导数曲线。从图中可以看出，二级裂缝半长主要对二级裂缝流体向主裂缝流动阶段以及裂缝拟径向流动阶段产生影响。二级裂缝半长越长，裂缝之间的干扰增大，裂缝拟径向流动阶段就会缩短。二级裂缝半长越长，二级裂缝

图 8-9 不同二级裂缝长度试井特征曲线

流体向主裂缝供液能力增加，因此，二级裂缝流体向主裂缝流动阶段曲线的下凹程度增大。

八、不同水平井段长度试井特征曲线

图 8-10 为在水平井段长度分别为 900m、1200m、1500m、1800m 条件下体积压裂水平井油水两相流无因次压力与压力导数曲线。从图中可以看出，水平井段的长度主对裂缝系统拟径向流动阶段和地层线性流动阶段产生影响。水平井段长度越短，主裂缝之间的间距越小，裂缝之间干扰越明显，越不容易形成裂缝系统拟径向流动阶段，地层线性流动阶段出现得越早。

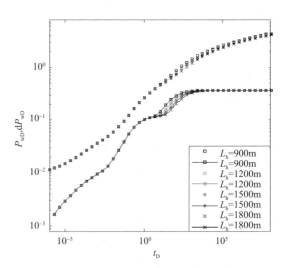

图 8-10 不同水平井段长度试井特征曲线

九、不同主裂缝条数试井特征曲线

图 8 - 11 为当主裂缝条数分别为 2、4、6、8 时体积压裂水平井油水两相流无因次压力与压力导数曲线。从图中可以看出，主裂缝条数主要对裂缝系统流动阶段及地层线性流动阶段产生影响。随着裂缝条数的增加，裂缝线性流动特征越明显，裂缝系统流动阶段压力与压力导数曲线向下偏移。裂缝之间的间距变小，导致裂缝拟径向流动阶段

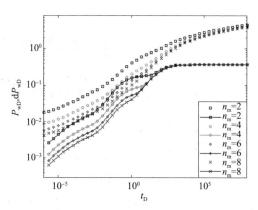

图 8 - 11　不同主裂缝条数试井特征曲线

持续时间变短或消失，较早地进入地层线性流动阶段。

十、不同二级裂缝条数试井特征曲线

图 8 - 12 为当二级裂缝条数分别为 2、4、6、8 时体积压裂水平井油水两相流无因次压力与压力导数曲线。从图中可以看出，二级裂缝条数主要对二级裂缝流体向主裂缝流动阶段产生影响。随着二级裂缝条数的增加，二级裂缝流体向主裂缝的供液能力增大，压力导数曲线下凹的程度增大。

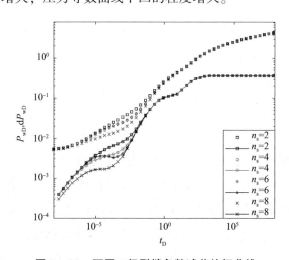

图 8 - 12　不同二级裂缝条数试井特征曲线

第9章 双重介质体积压裂水平井油水两相渗流试井分析

第8章介绍的是均质油藏体积压裂水平井的油水两相渗流试井分析方法，本章介绍裂缝性油藏体积压裂水平井的油水两相渗流试井分析方法。裂缝性油藏的裂缝为天然裂缝，用双重介质进行描述，体积压裂水平井的裂缝为人工压裂裂缝。将人工压裂裂缝分为主裂缝和二级裂缝两种裂缝，主裂缝与二级裂缝相互垂直，形成缝网状结构。基于油水两相渗流理论及数学物理方法，建立体积压裂水平井油水两相渗流试井数学模型，采用 Laplace 变换及 Stehfest 数值反演方法对模型进行求解，分析了体积压裂水平井的油水两相渗流试井曲线特征，并进行试井压力响应参数敏感性分析，分析储层流体在地层中的流动规律。

第1节 双重介质体积压裂水平井油水两相渗流物理模型

水平、等厚无限大裂缝性油藏中心有一口体积压裂水平井，以定产量进行生产。裂缝性油藏采用 Warren – Root 模型进行描述。储层上下封闭为不渗透边界，水平井筒上均匀分布 n_m 条人工压裂主裂缝，裂缝垂直切割井筒。裂缝宽度为 w_{Fm}，裂缝完全穿透储层。在与主裂缝垂直方向上均匀分布 $2n_s$ 条二级压裂裂缝，裂缝宽度为 w_{Fs}，主裂缝渗透率为 K_{Fm}，二级裂缝渗透率为 K_{Fs}。主裂缝与二级裂缝均为有限导流垂直裂缝，沿裂缝存在压力降。水平井筒长度为 L_h，主裂缝半长为 L_{Fm}，二级裂缝半长为 L_{Fs}。储层流体为油水两相微可压缩流体，在人工裂缝与双重介质储层中的流动符合线性达西定律，为等温渗流过程。流体在主裂缝与二级裂缝中的流动为一维稳态流动。假设裂缝性油藏中流体从人工裂缝表面进入主裂缝和二级裂缝，二级裂缝中的流体只流入主裂缝，然后再由主裂缝流入井筒，裂缝端封闭，不考虑裂缝性油藏流体和二级裂缝流体直接向井筒中的流动，只考虑二维平面上的流动，不考虑重力的影响。裂缝性油藏体积压裂水平井的物理模型示意图如图 9 - 1 所示。

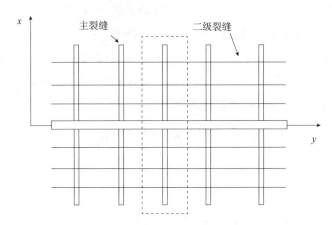

图 9 - 1　裂缝性油藏体积压裂水平井油水两相渗流物理模型示意图

第 2 节　双重介质体积压裂水平井油水两相渗流数学模型

建立裂缝性油藏体积压裂水平井油水两相渗流模型，首先需要分别建立裂缝性油藏油水两相渗流条件下的油藏模型和主裂缝与二级裂缝的裂缝模型，然后将油藏模型与裂缝模型进行耦合求解，得到双重介质体积压裂水平井井底压力解。

一、油藏模型

首先根据点源函数理论和油水两相渗流理论，建立裂缝性油藏油水两相渗流控制方程。

裂缝系统：

$$\frac{1}{r}\frac{\partial}{\partial r}\left(r\frac{K_f K_{rof}}{\mu_o B_o}\frac{\partial p_f}{\partial r}\right)=\frac{\partial}{\partial t}\left(\frac{\Phi_f S_{of}}{B_o}\right)+\frac{F_s K_m K_{rom}}{\mu_o B_o}(p_f - p_m) \tag{9-1}$$

$$\frac{1}{r}\frac{\partial}{\partial r}\left(r\frac{K_f K_{rwf}}{\mu_w B_w}\frac{\partial p_f}{\partial r}\right)=\frac{\partial}{\partial t}\left(\frac{\Phi_f S_{wf}}{B_w}\right)+\frac{F_s K_m K_{rwm}}{\mu_w B_w}(p_f - p_m) \tag{9-2}$$

基质系统：

$$\frac{F_s K_m K_{rom}}{\mu_o B_o}(p_f - p_m)=\frac{\partial}{\partial t}\left(\frac{\Phi_m S_{om}}{B_o}\right) \tag{9-3}$$

$$\frac{F_s K_m K_{rwm}}{\mu_w B_w}(p_f - p_m) = \frac{\partial}{\partial t}\left(\frac{\Phi_m S_{wm}}{B_w}\right) \tag{9-4}$$

式中，p_f 为裂缝系统的压力，MPa；p_m 为基质系统的压力，MPa；K_m 为基质系统的绝对渗透率，μm^2；K_f 为裂缝系统的绝对渗透率，μm^2；F_s 为形状因子，m^{-2}；K_{rom} 为基质系统油相相对渗透率，%；K_{rwm} 为基质系统水相相对渗透率，%；K_{rof} 为裂缝系统油相相对渗透率，%；K_{rwf} 为裂缝系统水相的相对渗透率，%。

将式(9-1)~式(9-4)进行化简合并得：

$$M_{tf}\left(\frac{\partial^2 p_f}{\partial r^2} + \frac{1}{r}\frac{\partial p_f}{\partial r}\right) = \Phi_f C_{tf}\frac{\partial p_f}{\partial t} + F_s M_{tm}(p_f - p_m) \tag{9-5}$$

$$F_s M_{tm}(p_f - p_m) = \Phi_m C_{tm}\frac{\partial p_m}{\partial t} \tag{9-6}$$

$$M_{tf} = K_f\left(\frac{K_{rof}S_{wf}}{\mu_o} + \frac{K_{rwf}S_{wf}}{\mu_w}\right) \tag{9-7}$$

$$M_{tm} = K_m\left(\frac{K_{rom}S_{wm}}{\mu_o} + \frac{K_{rwm}S_{wm}}{\mu_w}\right) \tag{9-8}$$

式中，M_{tf} 为裂缝系统中油水两相流体的总流度；M_{tm} 为基岩系统中油水两相流体的总流度。

初始条件：

$$p_{f(r,t=0)} = p_i \tag{9-9}$$

内边界条件：

$$r\frac{\partial p_f}{\partial r}\bigg|_{r \to 0} = \frac{q}{2\pi M_{tf}h} \tag{9-10}$$

外边界条件：

$$p_{f(r=\infty,t)} = p_i \tag{9-11}$$

为计算简便，使所建立的模型更具通用性，对模型进行无因次化。定义无因次变量如下：

$$p_{fD} = \frac{2\pi\lambda_{of}h(p_i - p_f)}{q_{sc}}, \quad p_{mD} = \frac{2\pi\lambda_{of}h(p_i - p_m)}{q_{sc}}, \quad p_{FD} = \frac{2\pi\lambda_{of}h(p_i - p_F)}{q_{sc}},$$

$$t_D = \frac{\lambda_{of}t}{(\Phi_f c_{tf} + \Phi_m c_{tm})L^2}, \quad C_D = \frac{C}{2\pi(\Phi_f c_{tf} + \Phi_m c_{tm})hL^2}, \quad \omega = \frac{\Phi_f c_{tf}}{\Phi_f c_{tf} + \Phi_m c_{tm}},$$

$$\lambda = F_s\frac{M_{tm}}{M_{tf}}L^2, \quad r_D = \frac{r}{r_w}, \quad x_D = \frac{x}{L}, \quad y_D = \frac{y}{L}, \quad L_{fD} = \frac{L_f}{L}, \quad L_{hD} = \frac{L_h}{L},$$

$$q_D = \frac{q}{q_{sc}}, \quad q_{FD} = \frac{q_F L}{q_{sc}}, \quad q_{FwD} = \frac{q_{Fw}}{q_{sc}}, \quad C_{FD} = \frac{K_F w_F}{KL}$$

式中，λ_{of}为双重介质裂缝系统中油相的流度，$\lambda_{of} = K_f \dfrac{K_{rof}(S_{wf})}{\mu_o}$。$p_i$为原始油藏压力，MPa；$p_m$为双重介质基质系统的压力，MPa；$p_f$为双重介质裂缝系统的压力，MPa；$p_F$为人工裂缝系统的压力，MPa；$L$为参考长度，m；$C$为井筒储集系数，$m^3/MPa$；$C_{tf}$为双重介质裂缝系统的综合压缩系数，$MPa^{-1}$；$C_{tm}$为双重介质基质系统的综合压缩系数，$MPa^{-1}$；$H$为储层厚度，m；$q_{sc}$为地面产量，$m^3/d$；$q$为地下产量，$m^3/d$；$q_F$为人工裂缝中的流量，$m^3/d$；$q_{fw}$为人工半翼长裂缝中的流量，$m^3/d$；$K_f$为双重介质裂缝系统绝对渗透率，$\mu m^2$；$K_F$为人工裂缝绝对渗透率，$\mu m^2$；下标 f 为双重介质中的裂缝系统；下标 m 为双重介质中的基质系统；下标 F 为人工裂缝。

对式(9 - 5) ~ 式(9 - 11)进行无因次化：

$$\frac{\partial^2 p_{fD}}{\partial r_D^2} + \frac{1}{r_D}\frac{\partial p_{fD}}{\partial r_D} = \omega(1 - f_{w1})\frac{\partial p_{fD}}{\partial t_D} + \lambda(p_{fD} - p_{mD}) \tag{9 - 12}$$

$$\lambda(p_{fD} - p_{mD}) = (1 - \omega)(1 - f_{w1})\frac{\partial p_{mD}}{\partial t_D} \tag{9 - 13}$$

式中，f_{w1}为双重介质裂缝系统中油水两相渗流时的含水率，$f_{w1} = \dfrac{1}{1 + \dfrac{\mu_w K_{rof}}{\mu_o K_{rwf}}}$。

初始条件：

$$p_{fD(r,t=0)} = 0 \tag{9 - 14}$$

内边界条件：

$$r_D \left.\frac{\partial p_{fD}}{\partial r_D}\right|_{r_D \to 0} = -(1 - f_{w1})q_D \tag{9 - 15}$$

外边界条件：

$$p_{D(r_D = \infty, t_D)} = 0 \tag{9 - 16}$$

对式(9 - 12) ~ 式(9 - 16)进行拉普拉斯变换：

$$\frac{d^2 \bar{p}_{fD}}{dr_D^2} + \frac{1}{r_D}\frac{d\bar{p}_{fD}}{dr_D} = \omega(1 - f_{w1})\left[u\bar{p}_{fD} + p_{fD(r_D, t_D=0)}\right] + \lambda(\bar{p}_{fD} - \bar{p}_{mD}) \tag{9 - 17}$$

$$\lambda(\bar{p}_{fD} - \bar{p}_{mD}) = (1 - \omega)(1 - f_{w1})\left[u\bar{p}_{mD} + p_{mD(r_D, t_D=0)}\right] \tag{9 - 18}$$

初始条件：

$$\bar{p}_{fD(r_D, t_D=0)} = 0 \tag{9 - 19}$$

内边界条件：

$$r_D \left. \frac{d\bar{p}_{fD}}{dr_D} \right|_{r_D \to 0} = -(1 - f_{w1})\bar{q}_D \qquad (9-20)$$

外边界条件：

$$\bar{p}_{fD(r_D = \infty, t_D)} = 0 \qquad (9-21)$$

式中，$\bar{p}_{fD}$ 为双重介质系统 Laplace 空间无因次压力；$\bar{q}_D$ 为双重介质系统 Laplace 空间无因次产量。

将初始条件代入式(9-17)和式(9-18)得：

$$\frac{d^2\bar{p}_{fD}}{dr_D^2} + \frac{1}{r_D}\frac{d\bar{p}_{fD}}{dr_D} = \omega(1 - f_{w1})u\bar{p}_{fD} + \lambda(\bar{p}_{fD} - \bar{p}_{mD}) \qquad (9-22)$$

$$\lambda(\bar{p}_{fD} - \bar{p}_{mD}) = (1 - \omega)(1 - f_{w1})u\bar{p}_{mD} \qquad (9-23)$$

由式(9-23)得：

$$\bar{p}_{mD} = \frac{\lambda}{\lambda + (1 - \omega)(1 - f_{w1})u} \qquad (9-24)$$

将式(9-24)代入式(9-22)可得：

$$\frac{d^2\bar{p}_{fD}}{dr_D^2} + \frac{1}{r_D}\frac{d\bar{p}_{fD}}{dr_D} = (1 - f_{w1})uf(u)\bar{p}_{fD} \qquad (9-25)$$

式中，$f(u) = \dfrac{\lambda + \omega(1 - \omega)(1 - f_{w1})u}{\lambda + (1 - \omega)(1 - f_{w1})u}$。

式(9-25)可写成 0 阶虚宗量贝塞尔方程的形式：

$$\frac{d^2\bar{p}_{fD}}{d[r_D\sqrt{uf(u)(1 - f_{w1})}]^2} + \frac{1}{[r_D\sqrt{uf(u)(1 - f_{w1})}]}\frac{d\bar{p}_{fD}}{d[r_D\sqrt{uf(u)(1 - f_{w1})}]} - \bar{p}_{fD} = 0$$

$$(9-26)$$

式(9-26)的通解形式可用 0 阶虚宗量的贝塞尔函数表示为：

$$\bar{p}_{fD} = AI_0[r_D\sqrt{(1 - f_{w1})uf(u)}] + Bk_0[r_D\sqrt{(1 - f_{w1})uf(u)}] \qquad (9-27)$$

将式(9-20)和式(9-21)代入式(9-27)中得：

$$A = 0, \quad B = (1 - f_{w1})\bar{q}_D \qquad (9-28)$$

即双重介质油水两相渗流无因次井底压力点源解为：

$$\bar{p}_{fD} = (1 - f_{w1})\bar{q}_D k_0[r_D\sqrt{(1 - f_{w1})uf(u)}] \qquad (9-29)$$

将体积压裂水平井的主裂缝平均分成若干个小段，各主裂缝段的流量不等，但每个主裂缝段内的流量为均匀流量。对主裂缝段进行积分可以得到以主裂缝段作为线源的无因次井底压力解：

$$\bar{p}_{\alpha D1} = (1 - f_{w1})\bar{q}_D \int_{y_{wD} - \Delta L_{FDm}/2}^{y_{wD} + \Delta L_{FDm}/2} k_0 \left[\sqrt{(x_D - x_{wD})^2 + (y_D - \alpha)^2} \sqrt{(1 - f_{w1})uf(u)} \right] d\alpha$$

$$(9-30)$$

式中，x_D，y_D 为地层中任一点的无因次坐标；x_{wD}，y_{wD} 为主裂缝段的中心点坐标；ΔL_{FDm} 为主裂缝段的无因次长度；f_{w1} 为裂缝性油藏系统中油水两相渗流时的含水率。

将每条二级裂缝分成若干个小段，对二级裂缝段进行积分可得以二级裂缝段作为线源的无因次井底压力解：

$$\bar{p}_{\alpha D2} = (1 - f_{w1})\bar{q}_D \int_{x_{wD} - \Delta L_{fDs}/2}^{x_{wD} + \Delta L_{FDs}/2} k_0 \left[\sqrt{(x_D - \alpha)^2 + (y_D - y_{wD})^2} \sqrt{(1 - f_{w1})uf(u)} \right] d\alpha$$

$$(9-31)$$

式中，x_D，y_D 为地层中任一点的无因次坐标；x_{wD}，y_{wD} 为二级裂缝段的中心点坐标；ΔL_{FDs} 为二级裂缝段的无因次长度。

二、裂缝模型

假定流体在人工裂缝中的流动为一维稳态流动，根据裂缝中的物质守恒，得裂缝中油水两相渗流控制方程为：

$$-\operatorname{div}(\rho_o \vec{v}_{oF}) + \frac{\rho_o q_{oF}}{w_F h} = \frac{\partial(\rho_o \Phi_F)}{\partial t} \qquad (9-32)$$

$$-\operatorname{div}(\rho_w \vec{v}_{wF}) + \frac{\rho_w q_{wF}}{w_F h} = \frac{\partial(\rho_w \Phi_F)}{\partial t} \qquad (9-33)$$

式中，v_{oF} 为原油在人工压裂裂缝中的渗流速度，m/h；v_{wF} 为水相流体在人工压裂裂缝中的渗流速度，m/h；q_{oF} 为人工压裂裂缝中油相的流量，m^3/d；q_{wF} 为人工压裂裂缝中水相的流量，m^3/d；w_F 为人工压裂裂缝的宽度，m；Φ_F 为人工压裂裂缝的孔隙度，%。

将式（9-32）、式（9-33）进行化简合并：

$$\frac{\partial^2 p_F}{\partial x^2} + \frac{q_F}{M_{tF} w_F h} = \Phi_F c_{tF} \frac{\partial p_F}{\partial t} \qquad (9-34)$$

式中，M_{tF} 为人工压裂裂缝中油、水两相流体的总流度，$M_{tF} = K_F \left[\dfrac{k_{roF}(S_w)}{\mu_o} + \dfrac{k_{rwF}(S_w)}{\mu_w} \right]$。

考虑裂缝中流体的流动为一维稳态流动，则式(9-34)改写为：

$$\frac{\partial^2 p_F}{\partial x^2} + \frac{q_F}{M_{tF} w_F h} = 0 \qquad (9-35)$$

初始条件：

$$p_{F(r,t=0)} = p_i \qquad (9-36)$$

内边界条件：

$$M_{tF} w_F h \frac{\partial p_F}{\partial x}\bigg|_{x \to 0} = q_{Fw} \qquad (9-37)$$

外边界条件：

$$\frac{\partial p_F}{\partial x}\bigg|_{x = x_F} = 0 \qquad (9-38)$$

为计算简便，对式(9-35)~式(9-38)进行无因次化：

$$\frac{\partial^2 p_{FD}}{\partial x_D^2} - \frac{2\pi q_{FD}(1 - f_{w2})}{C_{FD}} = 0 \qquad (9-39)$$

式中，$f_{w2} = \dfrac{1}{1 + \dfrac{\mu_w K_{roF}}{\mu_o K_{rwF}}}$。

初始条件：

$$p_{FD(r_D, t_D=0)} = 0 \qquad (9-40)$$

内边界条件：

$$\frac{\partial p_{FD}}{\partial x_D}\bigg|_{x_D \to 0} = -\frac{2\pi q_{FwD}(1 - f_{w2})}{C_{FD}} \qquad (9-41)$$

外边界条件：

$$\frac{\partial p_{FD}}{\partial x_D}\bigg|_{x_D = x_{FD}} = 0 \qquad (9-42)$$

对式(9-39)从0到$\bar{\omega}$进行积分：

$$\int_0^{\bar{\omega}} \frac{\partial^2 p_{FD}}{\partial x_D^2} dx_D = \int_0^{\bar{\omega}} \frac{2\pi q_{FD}(1 - f_{w2})}{C_{FD}} d\alpha \qquad (9-43)$$

对式(9-43)进行求解得：

$$\frac{\partial p_{FD(\bar{\omega})}}{\partial x_D} - \frac{\partial p_{FD(0)}}{\partial x_D} = \frac{2\pi(1 - f_{w2})}{C_{FD}} \int_0^{\bar{\omega}} q_{FD} d\alpha \qquad (9-44)$$

将式(9-41)代入式(9-44)得：

$$\frac{\partial p_{FD(\bar{\omega})}}{\partial x_D} = \frac{2\pi(1 - f_{w2})}{C_{FD}} \int_0^{\bar{\omega}} q_{FD} d\alpha - \frac{2\pi q_{FwD}(1 - f_{w2})}{C_{FD}} \qquad (9-45)$$

对式(9-45)从0到 x_D 进行积分：

$$\int_0^{x_D} \frac{\partial p_{FD\bar{\omega}}}{\partial x_D} d\bar{\omega} = \frac{2\pi(1-f_{w2})}{C_{FD}}\int_0^{x_D}\int_0^{\bar{\omega}} q_{FD} d\alpha d\bar{\omega} - \int_0^{x_D} \frac{2\pi q_{FwD}(1-f_{w2})}{C_{FD}} d\bar{\omega}$$

$$(9-46)$$

对式(9-46)进行求解得：

$$p_{FDx_D} - p_{wD} = \frac{2\pi(1-f_{w2})}{C_{FD}}\int_0^{x_D}\int_0^{\bar{\omega}} q_{FD} d\alpha d\bar{\omega} - \frac{2\pi q_{FwD}(1-f_{w2})}{C_{FD}}x_D \quad (9-47)$$

对式(9-47)进行 Laplace 变换，可得到 Laplace 空间人工压裂主裂缝中任一点与井底压力之间的压差为：

$$\bar{p}_{FDmx_D} - \bar{p}_{wb} = \frac{2\pi(1-f_{w2})}{C_{FDm}}\int_0^{x_D}\int_0^{\bar{\omega}} \bar{q}_{FDm} d\alpha d\bar{\omega} - \frac{2\pi \bar{q}_{FwDm}(1-f_{w2})}{C_{FDm}}x_D \quad (9-48)$$

式中， $\bar{p}_{FDm}$ 为主裂缝中的无因次压力； C_{FDm} 为主裂缝的无因次导流能力； $\bar{q}_{FDm}$ 为主裂缝中的无因次流量； $\bar{q}_{FwDm}$ 为主裂缝整条半翼长裂缝中的无因次流量。

Laplace 空间二级裂缝中任一点与井底压力之间的压差为：

$$\bar{p}_{FDsx_D} - \bar{p}_{wD} = \frac{2\pi(1-f_{w2})}{C_{FDs}}\int_0^{x_D}\int_0^{\bar{\omega}} \bar{q}_{FDs} d\alpha d\bar{\omega} - \frac{2\pi \bar{q}_{FwDs}(1-f_{w2})}{C_{FDs}}x_D \quad (9-49)$$

式中， $\bar{p}_{FDs}$ 为二级裂缝中的无因次压力； $\bar{q}_{FDs}$ 为二级裂缝中的无因次流量； C_{FDs} 为二级裂缝的无因次导流能力； $\bar{q}_{FwDs}$ 为二级裂缝整条半翼长裂缝中的无因次流量。

三、模型离散化与耦合求解

将主裂缝和二级裂缝进行离散化，图9-2为图9-1中虚线框所示的裂缝单元进行离散化的示意图。将每条人工裂缝平均离散成多个裂缝单元，每个裂缝段可近似看作是均匀流量裂缝段，然后再利用杜哈美叠加原理对各个裂缝段在井底的压力进行叠加求解。

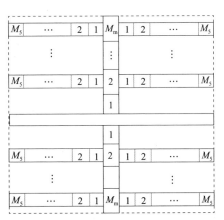

图9-2 体积压裂水平井裂缝单元离散化示意图

1. 油藏模型离散化

水平井筒上主裂缝条数为 n_m ，在与主裂缝垂直方向上的二级裂缝条数为 $2n_s$ 条，将每条人工主裂缝半翼平均分成

M_m 段，则所有主裂缝被平均离散成 $n_m \times 2M_m$ 个裂缝单元。将裂缝单元中每条二级裂缝半翼平均分成 M_s 段，则所有二级裂缝平均离散成 $2n_s \times 2M_s \times n_m$ 个裂缝单元。假设第 l 条裂缝第 m 段的离散裂缝单元中心点坐标为 $(x_{wD,lm},\ y_{wD,lm})$，第 i 条裂缝第 j 段的离散裂缝单元中心点坐标为 $(x_{D,ij},\ y_{D,ij})$。根据式(9-30)，第 l 条主裂缝第 m 段的离散裂缝单元对第 i 条裂缝，第 j 段处离散裂缝单元产生的压力响应为：

$$\bar{p}_{\alpha D1ij,lm} = (1 - f_{w1})\bar{q}_{D,lm} \int_{y_{wD,lm} - \Delta L_{fDm,lm}/2}^{y_{wD,lm} + \Delta L_{fDm,lm}/2} k_0$$

$$\left[\sqrt{(x_{D,ij} - x_{wD,lm})^2 + (y_{D,ij} - \alpha)^2} \sqrt{(1 - f_{w1})uf(u)} \right] d\alpha \qquad (9-50)$$

根据式(9-31)，第 l 条二级裂缝第 m 段的离散裂缝单元对第 i 条裂缝第 j 段处离散裂缝单元产生的压力响应为：

$$\bar{p}_{\alpha D2ij,lm} = (1 - f_{w1})\bar{q}_{D,lm} \int_{x_{wD,lm} - \Delta L_{fDs,lm}/2}^{x_{wD,lm} + \Delta L_{fDs,lm}/2}$$

$$k_0 \left[\sqrt{(x_{D,ij} - \alpha)^2 + (y_{D,ij} - y_{wD,lm})^2} \sqrt{(1 - f_{w1})uf(u)} \right] d\alpha \qquad (9-51)$$

根据杜哈美压力叠加原理，由所有离散裂缝单元对第 i 条裂缝第 j 段处离散裂缝单元产生的压力响应为：

$$\bar{p}_{D,ij} = \sum_{l=1}^{2n_m} \sum_{m=1}^{M_m} \bar{p}_{\alpha D1ij,lm} + \sum_{l=1}^{4n_s \times n_m} \sum_{m=1}^{M_s} \bar{p}_{\alpha D2ij,lm} \qquad (9-52)$$

2. 裂缝模型离散化

由于式(9-48)和式(9-49)包含 Fredholm 积分方程，因此采用数值方法进行离散求解。将每条人工主裂缝半翼离散成 M_m 个离散裂缝单元，式(9-48)可以改写为：

$$\bar{p}_{FDm,ij} - \bar{p}_{wD} = \frac{2\pi(1 - f_{w2})}{C_{FDm}} \left\{ \frac{\Delta x_{Di}^2}{8} \bar{Q}_{FDm,ij} + \sum_{N=1}^{j-1} \left[\frac{\Delta x_{Di}^2}{2} + (x_{D,ij} - N\Delta x_{Di}) \right] \bar{Q}_{FDm,ij} - \right.$$

$$\left. x_{D,ij} \sum_{j=1}^{M_m} \bar{Q}_{FDm,ij} \right\}$$

$$(9-53)$$

式中，$i = 1,\ 2,\ \cdots,\ 2n_m$；$j = 1,\ 2,\ \cdots,\ M_m$；$\Delta x_D = L_{FDm}/M_m$，$x_{Di} = (i - 1/2)\Delta x_D$；$\bar{p}_{FDm,ij}$ 为第 i 条主裂缝第 j 段处的无因次压力；Δx_{Di} 为第 i 条主裂缝离散裂缝单元的无因次长度；$x_{D,ij}$ 为第 i 条主裂缝第 j 段处离散裂缝单元的中心点坐标。$\bar{Q}_{FDm,ij}$ 为第 i 条主裂缝第 j 段处的无因次流量。

在主裂缝与二级裂缝相交处，第 i 条主裂缝第 j 段处裂缝段的流量不仅包括主裂缝段的流量，还包括与主裂缝相交的二级裂缝的流量，如式(9－54)所示。

$$\bar{Q}_{\text{FDm},ij} = \begin{cases} \bar{q}_{\text{FDm},ij} + \dfrac{\sum \bar{q}_{\text{FDs}} \cdot L_{\text{fDs}}}{L_{\text{fDm}}}, & 相交主裂缝流量 \\[3mm] \bar{q}_{\text{FDm},ij}, & 未相交主裂缝流量 \end{cases} \tag{9－54}$$

式中，$\sum \bar{q}_{\text{FDs}}$ 为与主裂缝相交的二级裂缝段的线密度流量。

将裂缝单元中每条二级裂缝半翼离散成 M_s 个离散裂缝单元，式(9－49)可以改写为：

$$\bar{p}_{\text{FDs},lm} - \bar{p}_{\text{FDm},ij} = \frac{2\pi(1 - f_{\text{w2}})}{C_{\text{FDs}}} \left\{ \frac{\Delta x_{\text{Dl}}^2}{8} \bar{q}_{\text{FDs},lm} + \sum_{N=1}^{m-1} \left[\frac{\Delta x_{\text{Dl}}^2}{2} + (x_{\text{D},lm} - N\Delta x_{\text{Dl}}) \right] \bar{q}_{\text{FDs},lm} - \right.$$

$$\left. x_{\text{D},lm} \sum_{m=1}^{M_s} \bar{q}_{\text{FDs},lm} \right\}$$

$$\tag{9－55}$$

式中，$l = 1, 2, \cdots, 4n_s \times n_m$；$j = 1, 2, \cdots, M_s$；$\Delta x_{\text{Dl}} = L_{\text{FDs}}/M_s$，$x_{\text{D},lm} = (i - 1/2)\Delta x_{\text{Dl}}$；$\bar{p}_{\text{FDs},ij}$ 为第 i 条二级裂缝第 j 段处的无因次压力；$\bar{q}_{\text{FDs},ij}$ 为第 i 条二级裂缝第 j 段处的无因次流量；Δx_{Di} 为第 i 条二级裂缝离散裂缝单元的无因次长度；$x_{\text{D},ij}$ 为第 i 条二级裂缝第 j 段处离散裂缝单元的中心点坐标。

3. 附加方程

根据离散裂缝单元处主裂缝与二级裂缝在裂缝面处压力与储层压力相等以及裂缝面流量与储层流量相等，可得：

$$\bar{p}_{\text{FDm},ij} = \bar{p}_{\text{D},ij} \tag{9－56}$$

$$\bar{q}_{\text{FDm},ij} = \bar{q}_{\text{D},ij} \tag{9－57}$$

$$\bar{p}_{\text{FDs},ij} = \bar{p}_{\text{D},ij} \tag{9－58}$$

$$\bar{q}_{\text{FDs},ij} = \bar{q}_{\text{D},ij} \tag{9－59}$$

根据流量约束条件，得裂缝流量分布归一化条件为：

$$\sum_{i=1}^{2n_m} \sum_{j=1}^{M_m} \bar{q}_{\text{FDm},ij} \Delta x_{\text{Dm}} + \sum_{i=1}^{4n_s \times n_m} \sum_{j=1}^{M_s} \bar{q}_{\text{FDs},ij} \Delta x_{\text{Ds}} = \frac{1}{u} \tag{9－60}$$

将式(9－50)～式(9－60)进行联立，即可得到 $2n_m \times M_m + 4n_s \times n_m \times M_s + 1$ 阶油藏模型矩阵和 $2n_m \times M_m + 4n_s \times n_m \times M_s + 1$ 阶裂缝模型矩阵，将两个矩阵联立，通过 MATLAB 进行编程求解，即可求得 Laplace 空间中无因次井底压力值。根据第 1 章中式(1－31)可得同时考虑井筒储集效应与表皮效应的无因次井底压力解。通过 Stehfest 数值反演算法，可以得到实空间中无因次井底压力与压力导数变化曲线。模型求解过程中用到的基本油藏参数及裂缝参数见表9-1。

表9-1 裂缝性油藏体积压裂水平井模型计算参数表

油藏参数	取值	油藏参数	取值
井筒半径/m	0.1	窜流系数	1×10^{-6}
油藏渗透率/μm^2	1×10^{-4}	水体积系数	1
油藏孔隙度	0.2	原油体积系数	1.2
储层厚度/m	10	水的黏度/(mPa·s)	0.5
水平井段长度/m	1000	原油黏度/(mPa·s)	1
主裂缝半长/m	50	日产油量/(m³/d)	45
主裂缝条数	6	原始地层压力/MPa	25
二级裂缝条数	4	综合压缩系数/MPa^{-1}	1.5×10^{-3}
储容比	0.05		

第3节　试井曲线特征分析

根据所建立的双重介质体积压裂水平井油水两相流试井模型，采用半解析方法进行求解，利用 MATLAB 软件编程，求得双重介质体积压裂水平井无因次井底压力与压力导数，绘制体积压裂水平井油水两相流试井特征曲线并进行试井曲线特征分析。

一、双重介质体积压裂水平井油水两相流试井特征曲线

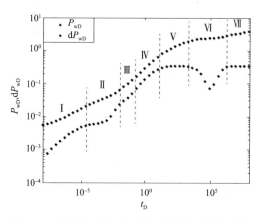

图9-3 为双重介质体积压裂水平井油水两相渗流试井特征曲线，模型中考虑了油藏系统与裂缝系统中含水率的变化和人工裂缝的有限导流能力。根据试井曲线特征，可将体积压裂水平井特征曲线划分为7个阶段。第一阶段为裂缝线性流动阶段。此阶段主要为地层流体垂直于主裂缝面和二级裂缝面

图9-3 双重介质体积压裂水平井试井特征曲线

流体的线性流动阶段，此阶段各裂缝之间不存在相互干扰，压力导数曲线为斜率为 1/2 的直线。第二阶段为二级裂缝流体向主裂缝流动阶段，此阶段压力导数为下凹的曲线。第三阶段为主裂缝与二级裂缝流体干扰流动阶段。随着压力波的传播，主裂缝与二级裂缝之间存在压力干扰，即流体的流动为干扰流动阶段。第四阶段为地层线性流动阶段。此时，流体的流动为双重孔隙介质裂缝系统中的流体平行于主裂缝面的线性流动。第五阶段为地层拟径向流动阶段。此时，压力波已经波及体积压裂水平井形成的裂缝网络之外的区域，流体的流动为双重孔隙介质裂缝系统中的流体围绕人工裂缝网络的拟径向流动。第六阶段为双重孔隙介质基质系统中的流体向裂缝系统中的窜流阶段。第七阶段为系统拟径向流动阶段，即双重孔隙介质基质系统与裂缝系统中的流体围绕人工裂缝网络的系统拟径向流动阶段。

二、不同主裂缝无因次导流能力试井特征曲线

图 9-4 为主裂缝无因次导流能力值分别为 5、10、20、30 条件下双重孔隙介质油藏体积压裂水平井油水两相流无因次压力与压力导数曲线。从图中可以看出，主裂缝导流能力主要对裂缝线性流动阶段以及二级裂缝流体向主裂缝流动阶段产生影响。主裂缝导流能力越大，裂缝线性流动阶段特征越明显，二级裂缝流体向主裂缝流动阶段曲线下凹的程度减小。说明主裂缝导流能力越大，地层流体向主裂缝流动能力越强，地层流体向二级裂缝流动相对减少。因此，二级裂缝中流体向主裂缝流动的能力相对减小。

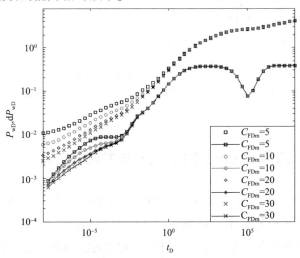

图 9-4　不同主裂缝无因次导流能力试井特征曲线

三、不同二级裂缝无因次导流能力试井特征曲线

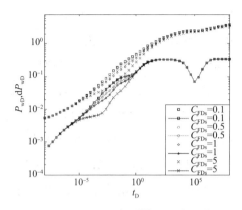

图9-5 不同二级裂缝无因次导流
能力试井特征曲线

图9-5为二级裂缝无因次导流能力值分别为0.1、0.5、1、5条件下双重孔隙介质体积压裂水平井油水两相流无因次压力与压力导数曲线。从图中可以看出,二级裂缝导流能力主要对二级裂缝流体向主裂缝流动阶段产生影响。随着二级裂缝导流能力的增大,二级裂缝向主裂缝流动阶段出现得越早,并且压力导数曲线下凹的程度越大。

四、不同双重介质裂缝系统含水率变化试井特征曲线

图9-6为在双重介质裂缝系统的含水率值分别为0.2、0.4、0.6、0.8条件下双重介质体积压裂水平井油水两相流无因次压力与压力导数曲线。从图中可以看出,双重介质裂缝系统的含水率主要对地层线性流动阶段、地层拟径向流动阶段、窜流阶段、系统拟径向流动阶段以及裂缝线性流动阶段产生影响。随着双重介质裂缝系统含水率的增大,压力与压力导数曲线形态相似,但曲线向左下方移动。

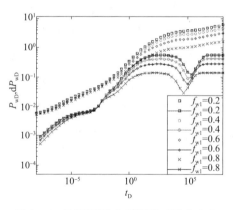

图9-6 不同双重介质裂缝系统含水率
变化试井特征曲线

五、不同人工裂缝系统含水率变化试井特征曲线

图9-7为在人工裂缝系统的含水率值分别为0.2、0.4、0.6、0.8条件下双重介质体积压裂水平井油水两相流无因次压力与压力导数曲线。从图中可以看出,人工裂缝系统的含水率主要对二级裂缝流体向主裂缝流动阶段产生影响。裂

缝系统含水率越大，二级裂缝流体向主裂缝流动阶段曲线下凹程度越大，曲线向左下方偏移。

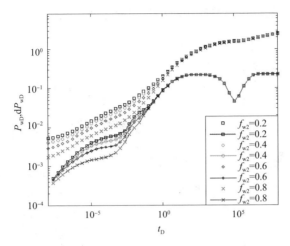

图9－7　不同人工裂缝系统含水率变化试井特征曲线

六、不同主裂缝长度试井特征曲线

图9－8为在主裂缝半长分别为20m、40m、60m、80m条件下双重介质体积压裂水平井油水两相流无因次压力与压力导数曲线。从图中可以看出，主裂缝半长主要对二级裂缝流体向主裂缝流动阶段、主裂缝与二级裂缝流体干扰流动阶段以及地层线性流动阶段产生影响。主裂缝半长越长，二级裂缝流体向主裂缝流动阶段出现得越早。主裂缝半长增大到一定数值，会掩盖主裂缝与二级裂缝流体干扰流动阶段，直接进入地层线性流动阶段。

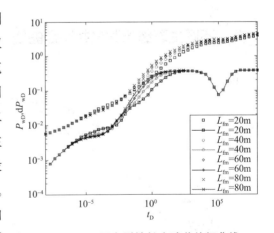

图9－8　不同主裂缝长度试井特征曲线

七、不同水平井段长度试井特征曲线

图9－9为在水平井段长度分别为600m、900m、1200m、1500m条件下双重介质体积压裂水平井油水两相流无因次压力与压力导数曲线。从图中可以看出，

水平井段的长度主要对二级裂缝流体向主裂缝流动阶段和地层线性流动阶段产生影响。水平井段长度越长，二级裂缝流体向主裂缝流动阶段压力导数曲线越向上移动。水平井段越长，主裂缝间距越小，裂缝之间干扰越明显，地层线性流动阶段出现得越早。

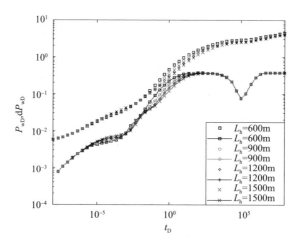

图9-9   不同水平井段长度试井特征曲线

八、不同主裂缝条数试井特征曲线

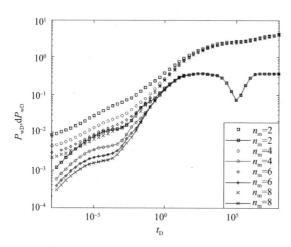

图9-10   不同主裂缝条数试井特征曲线

图9-10为当主裂缝条数分别为2、4、6、8时双重介质体积压裂水平井油水两相流无因次压力与压力导数曲线。从图中可以看出，主裂缝条数主要对裂缝线性流动阶段、二级裂缝向主裂缝流动阶段、主裂缝与二级裂缝干扰流动阶段及地层线性流动阶段产生影响。随着裂缝条数的增加，裂缝线性流动特征越明显，压力与压力导数曲线向下偏移。由于主裂缝间距变小，主裂缝之间干扰加强，二级裂缝向主裂缝流动阶段及主裂缝与二级裂缝干扰流动阶段变短，较早地进入地层线性流动阶段。

九、不同二级裂缝条数试井特征曲线

图9-11为当二级裂缝条数分别为2、4、6、8时双重介质体积压裂水平井油水两相流无因次压力与压力导数曲线。从图中可以看出，二级裂缝条数主要对二级裂缝流体向主裂缝流动阶段产生影响。随着二级裂缝条数的增加，二级裂缝流体向主裂缝流动阶段出现得越早，压力导数曲线下凹的程度越大。

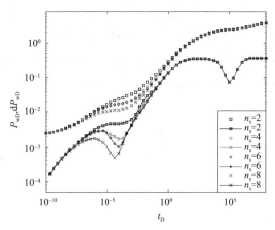

图9-11　不同二级裂缝条数试井特征曲线

十、不同储容比试井特征曲线

图9-12为当储容比分别为0.005、0.01、0.05、0.1时双重介质体积压裂水平井油水两相流无因次压力与压力导数曲线。从图中可以看出，储容比主要对人工裂缝系统流动阶段和双重介质基质系统向裂缝系统窜流阶段产生影响。随着储容比的增大，人工裂缝系统流动阶段压力导数曲线向左下方偏移，地层拟径向流动阶段出现得越晚。储容比越小，窜流阶段出现得越早，窜流段压力导数曲线下凹程度越大。

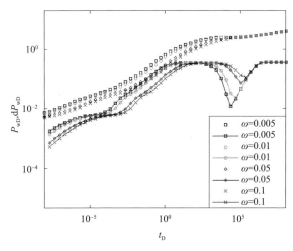

图9-12　不同储容比试井特征曲线

十一、不同窜流系数试井特征曲线

图 9 – 13 为当窜流系数分别为 1×10^{-6}、5×10^{-6}、1×10^{-5}、5×10^{-5} 时双重介质体积压裂水平井油水两相流无因次压力与压力导数曲线。从图中可以看出，窜流系数主要对双重介质基质系统向裂缝系统窜流阶段产生影响。随着窜流系数的增大，流体越容易从基岩系统流入裂缝系统，窜流阶段出现得越早。

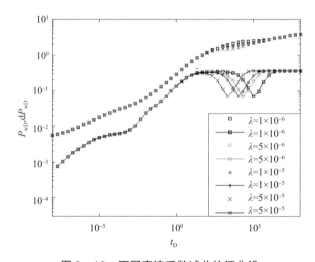

图 9 – 13　不同窜流系数试井特征曲线

参考文献

[1] Maskat M. The flow of homogeneous fluids through porous media[J]. The Journal of Geology, 1938, 46(6): 902 – 907.

[2] Perrine R L. Analysis of pressure – buildup curves[J]. American Petroleum Institute. 1956, 56 (1): 482 – 509.

[3] Martin J C. Simplified equations of flow in gas drive reservoirs and the theoretical foundation of multiphase pressure buildup analyses[J]. Transactions of the AIME, 1959, 216(1): 321 – 323.

[4] Matthews C S, Russell D G. Pressure buildup and flow tests in wells[J]. Transactions of the AIME, 1967: 130 – 133.

[5] Raghavan R. Well test analysis: wells producing by solution gas drive[J]. SPE Journal, 1976, 16 (4): 196 – 208.

[6] Al – Khalifah A J A, Aziz K, Horne R N. A new approach to multiphase well test analysis: proceedings of the SPE Annual Technical Conference and Exhibition, Dallas, Texas, September 1987[C]. Society of Petroleum Engineers, 1987.

[7] Hatzignatiou D G, Reynolds A C. Determination of effective or relative permeability curves from well tests[J]. SPE Journal, 1996, 1(1): 69 – 82.

[8] Chu W C, Reynolds A C, Raghavan R. Pressure transient analysis of two – phase flow problems [J]. SPE Journal, 1986, 1(2): 151 – 164.

[9] Hurst W. Interference between oil field [J]. Transactions of the AIME, 1960, 219(8): 175 – 192.

[10] Mortada M. Oilfield interference in aquifers of non – uniform properties[J]. Journal of Petroleum Technology, 1960, 12(12): 55 – 57.

[11] Loucks T L, Guerrero E T. Pressure drop in a composite reservoir[J]. SPE Journal, 1961, 1 (3): 170 – 176.

[12] Bixel H C, Van Poollen H K. Pressure drawdown and buildup in the presence of radial discontinuities[J]. SPE Journal, 1967, 7(3): 301 – 309.

[13] Ramey H J. Approximate solutions for unsteady liquid flow in composite reservoirs[J]. Journal of

Canadian Petroleum Technology, 1970, 9(1): 32 – 37.

[14] Deng Q, Nie R S, Jia Y L, et al. Pressure transient behavior of a fractured well in multi – region composite reservoirs [J]. Journal of Petroleum Science and Engineering, 2017, 158 (1): 535 – 553.

[15] Kazemi H, Merrill L S, Jargon J R. Problems in interpretation of pressure fall – off tests in reservoirs with and without fluid banks [J]. Journal of Petroleum Technology, 1972, 24(9): 1147 – 1156.

[16] Merrill L S, Kazemi H, Gogarty W B. Pressure falloff analysis in reservoirs with fluid banks [J]. Journal of Petroleum Technology, 1974, 26(7): 809 – 818.

[17] Weinstein H G. Cold water flooding a warm reservoir: proceedings of the Fall Meeting of the Society of Petroleum Engineers of AIME, Houston, Texas, October 1974 [C]. Society of Petroleum Engineers, 1974.

[18] Buckley S E and Leverett M C. Mechanism of fluid displacement in sands [J]. Society of Petroleum Engineers, 1942, 146(1): 107 – 116.

[19] Sosa A, Raghavan R, Limon T J. Effect of relative permeability and mobility ratio on pressure falloff behavior [J]. Journal of Petroleum Technology, 1981, 33(6): 1125 – 1135.

[20] Hazebroek P, Rainbow H and Matthews C S. Pressure fall – off in water injection wells [J]. Society of Petroleum Engineers, 1958, 213(11): 250 – 260.

[21] Carter R D. Pressure behavior of a limited circular composite reservoir [J]. SPE Journal, 1966, 6(4): 328 – 334.

[22] Odeh A S. Flow test analysis for a well with radial discontinuity [J]. Journal of Petroleum Technology, 1969, 21(2): 207 – 210.

[23] Abbaszadeh M and Kamal M. Pressure – transient testing of water – injection wells [J]. SPE Reservoir Engineering, 1989, 4(1): 115 – 124.

[24] Levitan MM. Application of water injection/falloff tests for reservoir appraisal: new analytical solution method for two – phase variable rate problems [J]. SPE Journal, 2003, 8 (4): 341 – 349.

[25] Bratvold R B, Horne R N. Analysis of pressure – falloff tests following cold – water injection [J]. SPE Formation Evaluation, 1990, 5(3): 293 – 302.

[26] Boughrara A A, Peres A M, Chen S, et al. Approximate analytical solutions for the pressure response at a water – Injection well [J]. SPE Journal, 2007, 12(1): 19 – 34.

[27] Thompson L G, Reynolds A C. Well testing for radially heterogeneous reservoirs under single and multiphase flow conditions [J]. SPE Journal, 1997, 12(1): 57 – 64.

[28] Machado G G, Reynolds A C. Approximate semi – analytical solution for injection – falloff –

production well test: an analytical tool for the in situ estimation of relative permeability curves [J]. Transport in Porous Media, 2018, 121(1): 207 – 231.

[29] Barkve T. An analytical study of reservoir pressure during water – injection well tests[J]. SPE Journal, 1986, 1(1): 1 – 34.

[30] Ramakrishnan T S and Kuchuk F J. Testing injection wells with rate and pressure data[J]. SPE Formation Evaluation, 1994, 9(3): 228 – 236.

[31] Thompson L G and Reynolds A C. Well testing for radially heterogeneous reservoirs under single and multiphase flow conditions[J]. SPE Formation Evaluation, 1997, 12(1): 57 – 64.

[32] Moridis G J, McVay D A, Reddell D L, et al. The laplace transform finite difference (LTFD) numerical method for the simulation of compressible liquid flow in reservoirs[J]. SPE Advanced Technology Series, 1994, 2(2): 122 – 131.

[33] Habte A D and Onur M. Laplace – transform finite – difference and quasi – stationary solution method for water – injection/falloff tests[J]. SPE Journal, 2014, 19(3): 398 – 409.

[34] 刘义坤, 阎宝珍, 翟云芳, 等. 均质复合油藏试井分析方法[J]. 石油学报, 1994, 15(1): 92 – 100.

[35] 姚军, 李爱芬, 李桂江. 注水井压降试井分析方法及其应用[J]. 中国石油大学学报(自然科学版), 1994, 18(1): 8 – 12.

[36] 王辉光. 水驱油藏试井分析理论及应用研究[D]. 成都: 西南石油大学, 2002.

[37] 康莱虎, 孙瑞东, 刘慰宁. 油水两相流试井新型解释图版研制及应用[J]. 油气井测试, 1998, 7(3): 4 – 9.

[38] 刘立明, 陈钦雷, 王光辉. 油水两相渗流压降数值试井模型的建立[J]. 中国石油大学学报(自然科学版), 2001, 25(2): 42 – 45.

[39] 艾广平, 苏云行, 高淑玲, 等. 油水两相流动试井分析方法研究[J]. 油气井测试, 2001, 10(2): 13 – 17.

[40] 廖新维, 刘立明. 三维两相流数值试井模型[J]. 中国石油大学学报(自然科学版), 2003, 27(6): 42 – 44.

[41] 向祖平, 张烈辉, 陈辉, 等. 相渗曲线对油水两相流数值试井曲线的影响[J]. 西南石油大学学报, 2007, 29(4): 74 – 78.

[42] 许明静, 程时清, 杨天龙, 等. 油水两相流不稳定试井压力分析[J]. 石油钻采工艺, 2009, 31(4): 71 – 74.

[43] 张静. 压力敏感压裂井试井分析模型研究[D]. 西安: 西安石油大学, 2013.

[44] 李道伦, 谢青, 查文舒, 等. 油水两相试井曲线特征研究[J]. 油气井测试, 2013, 22(1): 49 – 52.

[45] 成绥民, 苏彦春, 林加恩, 等. 高含水期剩余油分布的现代试井解释[J]. 油气井测试,

2000, 9(3): 1 - 7.

[46] 李晓平, 刘启国. 新的油水两相井不稳定试井分析典型曲线及应用[J]. 油气井测试, 2003, 12(6): 5 - 9.

[47] 刘佳洁, 孟英峰, 李皋, 等. 基于油水两相渗流的地层流体复合注水井试井模型[J]. 石油天然气学报, 2014, 36(2): 128 - 132.

[48] 姜永, 别旭伟, 刘洪洲, 等. 双重介质油藏注水井试井解释模型的建立及应用[J]. 中国海上油气, 2017, 29(4): 98 - 103.

[49] Russell D G, Truilt NE. Transient pressure behavior in vertically fractured reservoirs [J]. Journal of Petroleum Technology, 1964, 16(10): 1159 - 1170.

[50] Raghavan R, Ramey R H, Cady G V. Well test analysis for vertical fractured wells[J]. Journal of Petroleum Technology, 1972, 24(8): 1014 - 1020.

[51] Gringarten A C, Ramey H J. The use of source and Green's function in solving unsteady - flow problems in reservoirs[J]. SPE Journal, 1973, 13(5): 285 - 296.

[52] Cinco - Ley H, Samaniego V F. Transient pressure behavior for a well with finite - conductivity vertical fractures [J]. SPE Journal, 1978, 18(4): 253 - 264.

[53] Cinco - Ley H, Samaniego - V F. Transient pressure analysis for fractured wells[J]. SPE Journal, 1981, 33(9): 1749 - 1766.

[54] Wong D W, Harrington A G, Cinco - Ley H. Application of the pressure - derivative function in the pressure transient testing of fractured wells[J]. SPE Formation Evaluation, 1986, 1(5): 470 - 480.

[55] Cinco - Ley. Transient pressure analysis: finite - conductivity fracture case versus damaged fractures case[C]. 1984, SPE10182.

[56] Tiab D, Puhigai S K. Pressure derivative type curves for vertical fractures wells [J]. SPE Journal, 1988, 3(1): 156 - 158.

[57] Lee S T, Brockenbrough J. A new approximate analytic solution for finite - conductivity vertical fractures[J]. SPE Formation Evaluation, 1986, 1(1): 75 - 88.

[58] Ozkan E, Brown M L, Raghavan R, et al. Comparison of fractured horizontal well performance in tight sand and shale reservoirs[J]. SPE Reservoir Evaluation & Engineering, 2011, 14(2): 248 - 259.

[59] Zhang Q, Su Y, Zhang M, et al. A multi - linear flow model for multistage fractured horizontal wells in shale reservoirs[J]. Journal of Petroleum Exploration and Production Technology, 2017, 7(1): 747 - 758.

[60] Ozkan E, Raghavan R. New solutions for well - test - analysis problems: part 1 - analytical considerations [J]. SPE Formation Evaluation, 1991, 6(3): 359 - 368.

[61] Ozkan E, Raghavan R. New solutions for well-test-analysis problems: part 2-computational considerations and applications [J]. SPE Formation Evaluation, 1991, 6(3): 369-378.

[62] 苗和平, 王鸿勋. 水平井压后产量预测及裂缝数优选[J]. 石油钻采工艺, 1992, 14(6): 51-56.

[63] 郎兆新, 张丽华, 程林松. 压裂后水平井产能研究[J]. 石油大学学报(自然科学版), 1994, 18(2): 43-46.

[64] 李笑萍. 穿过多条垂直裂缝的水平井渗流问题及压降曲线[J]. 石油学报, 1996, 4(17): 91-97.

[65] 孔祥言, 徐献芝, 卢德唐, 等. 分支水平井的样板曲线和试井分析[J]. 石油学报, 1997, 18(3): 98-104.

[66] 陈伟, 段永刚. 水平裂缝压裂井试井分析[J]. 油气井测试, 2000, 9(3): 8-11.

[67] 宁正福, 韩数刚, 程林松, 等. 低渗透油气藏压裂水平井产能计算方法[J]. 石油学报, 2002, 23(2): 68-71.

[68] 严涛, 贾永禄. 低速非达西流有限导流垂直裂缝模型[J]. 天然气工业, 2005, 25(2): 130-132.

[69] 曾凡辉, 郭建春. 一种预测压裂水平井生产动态的新方法[J]. 天然气勘探与开发, 2006, 29(1): 63-67.

[70] 李军诗, 侯建峰, 胡永乐, 等. 压裂水平井不稳定渗流分析[J]. 石油勘探与开发, 2008, 35(1): 92-96.

[71] 樊冬艳, 等. 基于不同倾角的压裂水平井试井解释[J]. 水动力学研究与进展, 2009, 24(6): 705-712.

[72] 刘永良, 徐艳梅, 刘彬, 等. 考虑启动压力梯度低渗双重介质油藏垂直裂缝井试井模型[J]. 油气井测试, 2010, 19(5): 5-8.

[73] 姚军, 殷修杏, 樊冬艳, 等. 低渗透油藏的压裂水平井三线性流试井模型[J]. 油气井测试, 2011, 20(5): 1-5.

[74] 贾永禄, 邓祺, 聂仁仕, 等. 低渗透压裂井非对称区域三线性渗流模型[J]. 西南石油大学学报(自然科学版), 2016, 38(2): 95-102.

[75] 孙海, 姚军, 廉培庆, 等. 考虑基岩向井筒供液的压裂水平井非稳态模型[J]. 石油学报, 2012, 33(1): 117-122.

[76] 陈伟, 严小勇, 段永刚. 压裂水平井试井解释模型研究[J]. 油气井测试, 2013, 22(6): 5-13.

[77] 李龙龙, 姚军, 李阳. 分段多簇压裂水平井产能计算及其分布规律[J]. 石油勘探与开发, 2014, 41(4): 457-461.

[78] 贾品, 程林松, 黄世军. 有限导流压裂定向井不稳定压力分析模型[J]. 石油学报,

2015，36（4）：493 – 503.

[79] 方思冬，战剑飞，黄世军，等. 致密油藏多角度裂缝压裂水平井产能计算方法[J]. 油气地质与采收率，2015，22（3）：84 – 89.

[80] 何佑伟，程时清，胡利民，等. 多段压裂水平井不均匀产油试井模型[J]. 中国石油大学学报（自然科学版），2017，41（4）：116 – 123.

[81] Jia P，Cheng L S，Huang S H，et al. A semi – analytical model for the flow behavior of naturally fractured formations with multi – scale fracture[J]. Journal of Hydrology，2016：208 – 220.

[82] 雷群，胥云，蒋廷学，等. 用于提高低 – 特低渗透油气藏改造效果的缝网压裂技术[J]. 石油学报，2009，30（2）：237 – 241.

[83] 吴奇，胥云，刘玉章，等. 美国页岩气体积改造技术现状及对我国的启示[J]. 石油钻采工艺，2011，33（2）：1 – 7.

[84] 王文东，苏玉亮，慕立俊，等. 致密油藏直井体积压裂储层改造体积的影响因素[J]. 中国石油大学学报（自然科学版），2013，37（3）：93 – 97.

[85] 袁彬，苏玉亮，丰子泰，等. 体积压裂水平井缝网渗流特征与产能分布研究[J]. 深圳大学学报理工版，2013，30（5）：545 – 550.

[86] 孙致学，姚军，樊冬艳，等. 基于离散裂缝模型的复杂裂缝系统水平井动态分析[J]. 中国石油大学学报（自然科学版），2014，38（2）：109 – 115.

[87] 苏玉亮，王文东，盛广龙. 体积压裂水平井复合流动模型[J]. 石油学报，2014，35（3）：504 – 510.

[88] 郭小勇，赵振峰，徐创朝，等. 有限元法超低渗透油藏体积压裂裂缝参数优化[J]. 大庆石油地质与开发，2015，34（1）：83 – 86.

[89] 贾品，程林松，黄世军，等. 水平井体积压裂缝网表征及流动耦合模型[J]. 计算物理，2015，32（6）：685 – 692.

[90] 李帅，丁云宏，才博，等. 致密油藏体积压裂水平井数值模拟及井底流压分析[J]. 大庆石油地质与开发，2016，35（4）：156 – 160.

[91] 赵二猛，尹洪军，张海霞. 致密油藏体积压裂水平井变窜流系数模型研究[J]. 水动力学研究与进展，2016，31（4）：454 – 461.

[92] 姬靖皓，姚约东，马雄强，等. 致密油藏体积压裂水平井不稳定压力分析[J]. 水动力学研究与进展，2017，32（4）：491 – 501.

[93] 武治岐，王厚坤，王睿. 裂缝性致密油藏体积压裂水平井压力动态分析[J]. 新疆石油地质，2018，9（3）：333 – 339.